U0308718

快乐读书 爱上语文
彩绘版 无障碍阅读

昆虫记

〔法〕法布尔／著
李炳群／编译

天津出版传媒集团
百花文艺出版社

图书在版编目（CIP）数据

昆虫记 / （法）法布尔著；李炳群编译．-- 天津：百花文艺出版社，2015.1（2024.4 重印）
ISBN 978-7-5306-6609-8

Ⅰ．①昆… Ⅱ．①法… ②李… Ⅲ．①昆虫学-青少年读物 Ⅳ．①Q96-49

中国版本图书馆 CIP 数据核字(2015)第 009062 号

昆虫记
KUNCHONG JI
〔法〕法布尔 著　李炳群 编译

出 版 人：薛印胜
责任编辑：赵　芳
装帧设计：文贤阁
封面设计：宋双成
出版发行：百花文艺出版社
地址：天津市和平区西康路 35 号　邮编：300051
电话传真：+86-22-23332651（发行部）
+86-22-23332656（总编室）
+86-22-23332478（邮购部）
网址：http://www.baihuawenyi.com
印刷：天津泰宇印务有限公司
开本：710 毫米×1000 毫米　1/16
字数：120 千字
印张：12
版次：2015 年 2 月第 1 版
印次：2024 年 4 月第 3 次印刷
定价：29.80 元

如有印装质量问题，请与天津泰宇印务有限公司联系调换
地址：天津市宝坻区马家店工业区建铨道 3 号
电话：(022)59219088　邮编：301801

名人推荐

谢冕

1932年生，福建福州人，著名文艺评论家、诗人、作家，北京大学教授、博士研究生导师。曾任北京大学中国语言文学研究所所长，中国新诗研究所所长，《新诗评论》主编。现任中国作家协会全国委员会名誉委员，北京市作家协会名誉副主席，中国当代文学研究会副会长等。1980年他筹办并主持了全国唯一的诗歌理论刊物《诗探索》，并任该刊主编。同时，谢冕参与了北京大学中国当代文学学科建设，建立了该科第一个博士点，他也成为该校第一位指导当代文学的博士生导师。

著有《文学的绿色革命》《中国现代诗人论》《新世纪的太阳》《论二十世纪中国文学》《1898：百年忧患》等专著十余种，另有散文随笔《世纪留言》《流向远方的水》《永远的校园》等。主编《中国百年文学经典文库》(10卷)、《百年中国文学经典》(8卷)等。

推荐寄语

读书是一种接受前人智慧的方式。因为读书，文化得以传承和发扬。读书不仅于个人有益，也于社会发展和人类进步有益。

谢冕

张梦阳 作家、学者，中国社会科学院文学研究所研究员，中国鲁迅研究会副会长。著有《鲁迅杂文研究六十年》（浙江文艺出版社 1986 年出版）、《阿 Q 新论——阿 Q 与世界文学中的精神典型问题》（陕西人民教育出版社 1996 年出版）、《鲁迅对中国人的思维批判》（东方出版社 2011 年出版）等。作品曾获中国社会科学院优秀科研成果奖，其鲁迅研究书系获 1997 年国家图书奖提名奖。

祝晓风 中国社会科学院文学研究所编审，中华文学史料学学会近现代史料学分会副会长，南开大学教授，文学博士。曾任光明日报社主任编辑，《中华读书报》编辑部主任，中国社会科学杂志社编审、编辑中心主任，《中国社会科学报》第一届编委，《中国社会科学报》常务副主任。著有《读书无新闻》（东方出版社 2006 年出版）、《有声与无声之间》（中国社会科学出版社 2011 年出版）等。

刘培 山东大学文史哲编辑部教授、博士生导师，文学博士。2002 ~ 2004 年在南京师范大学博士后流动站工作。2009 年入选教育部新世纪优秀人才支持计划。著有《北宋辞赋研究》（山东人民出版社 2009 年出版）。在《文学评论》《文学遗产》《文艺研究》《北京大学学报》《南开学报》《四川大学学报》《江海学刊》等学术期刊发表论文 50 余篇。

杜语 线装书局出版中心副主任、第一编辑室主任、副编审、历史学博士。于 2009 ~ 2010 年在美国克莱姆森大学中国研究中心做访问学者。著有《开埠史话》（社会科学文献出版社 2000 年出版）、《英雄论英雄》（中国城市出版社 2003 年出版）、《挑战千年变局》（中国社会科学出版社 2010 年出版）等。在《中国社会科学院研究生院学报》《中国教育报》《中国农民报》《中国改革报》《人民论坛》等报刊发表论文、通讯、高层访谈等数十篇。

专家编审团

杨东林 文学博士，深圳大学文学院党委书记、中文系副教授。主要从事中国古代文学和古代文论方面的教学研究，在《文学评论》《文史哲》等刊物发表学术论文多篇。

郭灿金 历史作家，文学博士，河南大学副编审。著有《中国人最易误解的文史常识》（中国书籍出版社 2006 年出版）、《大唐盛世最有争议的 30 个人》（中国书籍出版社 2008 年出版）、《郭灿金读史》（长江出版集团 2009 年出版）、《史记（注译）》（中州古籍出版社 2010 年出版）等。其中，《趣读史记》系列 2007 年多次进入新浪畅销书排行榜前十名；《中国人最易误解的文史常识》曾获由中国书刊发行业协会主办的“2007 年度全行业优秀畅销品种”称号。

宋永健 北京市海淀区语文骨干教师，首都师范大学第二附属中学教师。致力于中、高考研究和教育科学研究工作，所写教学案例、教学设计多次荣获市、区级奖励。

高凤香 陕西省杨凌中学高级语文教师，杨凌作家协会副主席，《杨凌文苑》杂志副主编。著有《新课程下创新教学探析》（万卷出版公司 2013 年出版）、《温一壶月光》（敦煌文艺出版社 2013 年出版）等。

XU YAN 序言

苏联教育家苏霍姆林斯基曾说过："让孩子变聪明的方法，不是补课，不是增加作业量，而是阅读，阅读，再阅读。"

如果说文化是人类的一份精神遗产，那么阅读就是开启这份遗产的金钥匙。在这种美好的感情和这块灿烂的文明沃土上，优秀的文学名著传达着人类对生命、对历史、对未来的憧憬和思考，其闪耀的智慧穿越古今中外，经过岁月的磨砺，升华成今天的经典。阅读美好的有价值的文学名著，是了解社会、认知自我的有效途径。

让我们一起阅读《论语》《诗经》，阅读《红楼梦》，阅读《雾都孤儿》，阅读《安徒生童话》……日不间断，我们也许会因为书中一段华丽的诗句而激扬，也许会为某个主人公的坎坷遭遇而落泪……任思绪随着书中动人的故事飘飞。阅读的过程就是励志、炼心、启智的过程。水滴石穿，绳锯木断。天长日久，积累的是知识，培养的是情感，塑造的是品格，净化的是灵魂……

本套书考虑各年龄段读者诵读古诗文、现代文学作品，以及外国文学作品等的阅读习惯，设置了知识链接、专家解疑、智慧引路、名家导读、哲理名言、名师点拨、好词好句、阅读思考、名家品评、重点测试等栏目。全套书图文并茂，精美的彩色插图，令经典的情节完美呈现，让读者在阅读文字的同时，感受具体的情景描述，增加阅读的乐趣。

畅读经典文学名著，启迪智慧，唤醒心灵

知识链接

全面熟悉文学作品内容，快速掌握相关的文学文化常识。

作品速览

《昆虫记》是一部经典的昆虫学巨著，更是一部科学百科，作者是法国杰出昆虫学家法布尔。法布尔踏遍山林，搜寻各种昆虫，通过细致和耐心的观察，他对昆虫世界有了一个比较全面的了解。在他优美的文笔下，一个个昆虫栩栩如生地展现在我们眼前，从被时间长河埋葬的老象虫、被赋予"歌唱家"美称的意大利蟋蟀、精美制作梨形粪球的圣甲虫，到有着"糕点师"之称的食粪虫、相互残杀的金布甲、勤劳的隧蜂及精心爱护子女的朗格多克蝎，这一切的一切都再现了昆虫世界的神奇和美好。可以说，作者的记录是近乎真实的，他不仅对昆虫的生活习性、本能做了翔实的描写，而且也深入研究了昆虫的婚姻、劳动、繁衍和死亡。通过对昆虫世界细致入微的观察和研究，作者也引发了对人类社会的深度思考，睿智的哲学思想跃然纸上，发人深省。

作者的描写并不刻板，反之，文笔的生动活泼，语言的幽默诙谐，使阅读变得妙趣横生。如描写圣甲虫搬运粪球一篇，活泼的语言仿佛将圣甲虫艰难搬运的过程真实地摆在了读者面前，既写出了圣甲虫的顽强，又写

的话恐怕我就要傻等九月的到来，并且最终一无所见。我苦苦观察三年，等得差不多失去了所有耐心以及精力，结果最终依旧没有如愿。环境并没有异常，但是我却没有任何理由地丢掉机会，毫无价值地浪费了一年时光，我几乎都想停下对这个问题的研究了。

的确，无知也许要有好处，丢开老路，就能发现新东西。我们一位有名的大师曾经这样教导过我，他就不太相信已知的课本知识。某一天，巴斯德路易斯·巴斯德（1822~1895年，法国微生物学家、化学家。他研究了微生物的类型、习性、营养、繁殖、作用等，奠定了工业微生物学和医学微生物学的基础，并开创了微生物生理学。）没有预约，突如其来地按我家的门铃，就是那位不久便将大名鼎鼎的巴斯德本人。我那时候已深知其名，我早已经拜读过这位学者的有关酒石酸不对称结构的作品了，我对他有关纤毛虫纲生殖问题的研究也怀有浓厚的兴趣。

每个时代都有它科学的奇思妙想。我们现今有进化论，但那个时候却有自生论。巴斯德借着自己人为决定其有菌无菌的烧瓶，依照自己那严谨而且简单的绝妙实验，将一个无理的谬论给完全推翻了，腐败物内部的一个冲突性化学反应能够根据这一谬论激发出生命来。

我知道那个被巴斯德成功地予以澄清的有争论的问题，所以我极其热情地欢迎了这位著名的来访者。他跑来找我最主要的是

「哲理名言」无知也许更有好处，丢开老路，就能发现新东西。

「专家解疑」拜读：敬辞，阅读。谬论：荒谬的言论。

「名师点拨」此段叙述不仅写出了作者的谦虚态度，而且也从侧面反映出了巴斯德的谦虚，以及认真的求知态度。

哲理名言

一句名言可以影响人的一生。

名家引路，撷取文章精华，提炼中心思想。

专家智慧解答，排难解疑，扫除阅读障碍。

优秀名师领航，荟萃知识要点，轻松掌握重点、难点。

老象虫

农民将偶然挖到的金属小圆块送给了作者，由此引发了作者的悉心研究。那么，作者发现了哪些有趣的动物呢？在大自然的更迭变迁中，这些动物又发生了怎样的变化呢？老象虫又长什么模样呢？带着这些问题，赶快去文中寻找答案吧

冬天来了，昆虫开始进入蛰伏期，这段时间我始终在研究古币学，它让我度过了一段很是不错的日子。

我趣味十足地反复琢磨古币这个金属小圆块，那就是人们称之为历史灾难的档案。在希腊人耕种过油橄榄树，拉丁人制定过法令的普罗旺斯，农民们翻耕土地之时，却发现了这些几乎散落得满地都是的金属小圆块。他们将这些金属小圆块拿给我，询问我它们价值如何，但却从来不问我它们的意义有多大。

农民们发现的这些小圆块上的铭文和他们有什么关系！人们以前遭受苦难，今天依旧在受苦受难，以后还会受苦受难，对他们而言，这就是历史的车痕，其余的都是胡扯，纯粹是无事之人

「专家解疑」蛰伏：①动物冬眠，潜伏起来不食不动。②借指蛰居。

「名师点拨」农民与作者不同，他们不在乎金属块的历史意义，只在乎它们能不能给自己带来利益。

衣服明白无误地告知了我们一些情况：在洞口站岗放哨，看门守屋的这只隧蜂是年龄稍大的老者。它是这个住宅的缔造者，是现在正在忙着搜集花粉的隧蜂姐妹们的母亲，是目前还是幼虫的隧蜂们的外婆。三年之前，当它还正值花季少女的时候，它单独地拼命干活儿，累得筋疲力尽。目前，它的卵巢早已萎缩，也该休息了。不是，"休息"一词不应出现在这里。她依旧在劳作，在为这个家尽自己的绵薄之力。它已经失去了生儿育女的能力，于是当起了看门人。它为自己家人开门关门，把陌生人拒之门外。

谨慎多疑的山羊羔从门缝望出去，对狼说道："让我看看你的爪子，不然我就不开门。"隧蜂外婆同样谨慎多疑，它也会对来者说道："让我瞧瞧你的隧蜂黄爪子，不然就不让你进来。"如果它认为来者不是自家人，那么它便将其困在洞外。

我们来看看一只蚂蚁路过洞穴附近的情况。蚂蚁是个厚颜无耻的亡命徒，它很想知道蜜的甜香味为何会从洞底下飘上来。隧蜂看门人脖子一扭，意思是说："滚开，不然要你的命！"一般情况下这个威吓动作足以赶走蚂蚁了。*如果它还是赖着不走，隧蜂看门人便会飞出洞来，扑向胆大妄为的狂徒，推搡它，驱赶它。直到把它赶跑为止，之后隧蜂看门人便立刻回到哨位，继续尽忠职守。*

现在我们来谈谈切叶蜂。切叶蜂不谙挖洞技巧，便学着同胞

「专家解疑」花季：比喻人十五至十八岁青春期前后的年龄段。绵薄：指自己薄弱的能力。

「智慧引路」此处描写了隧蜂的另一个特性，那就是勇敢。面对前来的狂徒，守门的隧蜂没有丝毫畏惧之心，而是勇敢地与其斗争，直到胜利地赶走狂徒，这种勇敢的精神是值得小朋友们学习的。

智慧引路

开启智慧的大门，引领前行，深入思考。

轻松提升语文水平，素质阅读，拓展思维

★ 本书文学地位 ★

这个大科学家像哲学家一般地思，像美术家一般地看，像文学家一般地写。

——法国著名戏剧家 罗丹

《昆虫记》是“听昆虫故事”“讲昆虫生活”的楷模。

——著名文学家 鲁迅

他以人性观照虫性，并以虫性反观社会人生。

——散文家 周作人

法布尔的一生，可以说是为昆虫的一生。作为昆虫学家，他不仅研究昆虫，而且描写昆虫，他那卷帙浩繁的《昆虫记》不仅是科学著作，可以说，他透过昆虫世界所抒写的，是关于生命的诗篇。

——作家 刘心武

它熔作者毕生研究成果和人生感悟于一炉，以人性观察虫性，将昆虫世界化作供人类获得知识、趣味、美感和思想的美文。

——著名文学家、翻译家 巴金

作品速览

《昆虫记》是一部经典的昆虫学巨著，更是一部科学百科，作者是法国杰出昆虫学家法布尔。法布尔踏遍山林，搜寻各种昆虫，通过细致和耐心的观察，他对昆虫世界有了一个比较全面的了解。在他优美的文笔下，一个个昆虫栩栩如生地展现在我们眼前，从被时间长河埋葬的老象虫、被赋予“歌唱家”美称的意大利蟋蟀、精美制作梨形粪球的圣甲虫，到有着“糕点师”之称的食粪虫、相互残杀的金布甲、勤劳的隧蜂及精心爱护子女的朗格多克蝎，这一切的一切都再现了昆虫世界的神奇和美好。可以说，作者的记录是近乎真实的，他不仅对昆虫的生活习性、本能做了翔实的描写，而且也深入研究了昆虫的婚姻、劳动、繁衍和死亡。通过对昆虫世界细致入微的观察和研究，作者也引发了对人类社会的深度思考，睿智的哲学思想跃然纸上，发人深省。

作者的描写并不刻板，反之，文笔的生动活泼，语言的幽默诙谐，使阅读变得妙趣横生。如描写圣甲虫搬运粪球一篇，活泼的语言仿佛将圣甲虫艰难搬运的过程真实地摆在了读者面前，既写出了圣甲虫的顽强，又写出了他们的可爱。此外，从作者字里行间的描述中，我们也能感受到作者真挚的情感。他对大自然的热爱，对昆虫的钦佩和喜爱，都不加掩饰地流露了出来。如朗格多克蝎家族一篇，就表达了作者对伟大母爱的由衷赞美。《昆虫记》就是一部永远也解读不尽的昆虫世界。

作者简介

让·亨利·卡西米尔·法布尔（1823 ~ 1915 年，Jean-Henri Casimir Fabre），法国昆虫学家、动物行为学家、文学家，被世人称为“昆虫界的荷马”“昆虫界的维吉尔”。法布尔于 1823 年出生在法国南部普罗旺斯的圣莱昂的一户农家。此后的几年间，他是在离该村不远的马拉瓦尔祖父母家中度过的，当时年幼的他已被乡间的蝴蝶与蝈蝈这些可爱的昆虫所吸引。

拥有多重身份的法布尔，其作品种类繁多：作为博物学家，他留下了许多动植物学术论著，其中包括《茜草：专利与论文》《阿维尼翁的动物》《块菰》《橄榄树上的伞菌》《葡萄根瘤蚜》等；作为教师，他曾编写过多册化学、物理课本；作为诗人，他用法国南部的普罗旺斯语写下了许多诗歌，被当地人亲切地称为“牛虻诗人”。此外，他还将某些普罗旺斯诗人的作品翻译成法语；曾以沃克吕兹的真菌为主题写下许多精彩的学术文章。他对块菰的研究也十分详尽，并细致入微地描述了它的香味。闲暇之余，他还曾用自己的小口琴谱下一些小曲。

然而，法布尔作品中篇幅最长、地位最重要、最为世人所知的仍是《昆虫记》。1859 年，法布尔携全家在奥朗日定居下来，住在荒石园中。空旷静逸的环境，让他全身心地投入到各种观察与实验中，自此完成了《昆虫记》的创作。这部作品不但展现了他科学观察研究方面的才能和文学才华，同时还向读者传达了他的人文精神以及对生命的无比热爱。

创作背景

1857 年，法布尔因发表《节腹泥蜂习性观察记》一文，而受到了广泛赞誉，并被法兰西研究院授予实验生理学奖。之后，他对天然染色剂茜草或茜素的研究也卓有成就，并获得了三项专利。为此，时任公共教育部长的维克多·杜卢伊特邀他从事教学工作，但法布尔所坚持的教学方法，并没有得到学校的一致认可，最终他离开了学校，举家搬到了奥朗日。在远离纷扰之后，法布尔专心撰写《昆虫记》，转眼十多年过去了，《昆虫记》第一卷完成。其实，法布尔之所以能够写出这本不朽的昆虫百科，是与他身体力行分不开的。在奥朗日生活的十多年里，他经常与好友翻山越岭，采集植物标本。在此期间，他还有幸结识了英国哲学家米尔，志趣相投的两个人计划着实现“沃克吕兹植被大观”的目标，但随着米尔的离世，计划也随之化为了泡影。

虽然在研究大自然的道路上，法布尔几经波折，但这些从没有消磨他的研究热情。在研究真菌方面，他也取得了优异的成绩，其中发表的多篇学术文章都为人所称道。1879 年，法布尔远离了城市，寄身于塞利尼昂的荒石园，开始了他全心全意的昆虫研究工作。荒石园虽然荒芜和偏僻，但却让法布尔获得了真正的宁静，他在那里建造了自己的房舍、工作室和试验场，自此便全身心地投入到各种观察与实验中。就是在这个只属于法布尔的幽静之所，《昆虫记》的后九卷完成了，为世人留下了一部不朽的昆虫巨著。

主角秀场

● **象虫**

又被称为长鼻鞘翅目昆虫，它们身形粗短，长着坚硬的凸状鞘翅。时至今日，它们已经不复存在，只留下石灰质岩片上的残缺肢体。

● **蟋蟀**

直翅目，蟋蟀科。蟋蟀长有长长的触角，拥有悦耳动听的歌声，被作者誉为是“歌唱家”。

● **圣甲虫**

金龟子科，以动物粪便为食。它们辛苦地搬运粪球，具有顽强和坚毅的品性；它们制作的梨形粪球别具一格，被作者赞誉为杰出的“雕塑家”。

● **食粪虫**

鞘翅目、金龟子总科。它制作的“葫芦”完美绝伦，不仅符合几何学标准，而且设计精巧，因其具有的聪明才智，被作者赞誉为“工匠”和“糕点师”。

● **隧蜂**

勤奋的采蜜者。隧蜂忙碌地采集花蜜，但巢穴却任由白食者入侵，暴露出了它愚蠢的一面；但年老的隧蜂，却化身为门卫，从而又透露出了它英勇的一面。

作品影响

《昆虫记》是法国杰出昆虫学家、文学家法布尔的传世佳作，亦是一部不朽的著作，不仅是一部文学巨著，也是一部科学百科。

《昆虫记》先后被翻译成50多种文字，在世界各国广为流传，影响极其深远。

《昆虫记》的问世被看作动物心理学的诞生。它不仅是一部研究昆虫的科学巨著，同时也是一部讴歌生命的宏伟诗篇。

目录

Contents

老象虫 / 1

意大利蟋蟀　/ 19

田野地头的蟋蟀 / 27

圣甲虫 / 39

圣甲虫的造型术 / 59

圣甲虫的梨形粪球 / 70

南美潘帕斯草原的食粪虫 / 85

金步甲的婚俗 / 98

隧　蜂 / 111

隧蜂门卫 / 124

朗格多克蝎的家庭 / 136

小阔条纹蝶　/ 155

老象虫

农民将偶然挖到的金属小圆块送给了作者，由此引发了作者的悉心研究，那么，作者发现了哪些有趣的动物呢？在大自然的更迭变迁中，这些动物又发生了怎样的变化呢？老象虫又长什么模样呢？带着这些问题，赶快去文中寻找答案吧。

冬天来了，昆虫开始进入蛰伏期，这段时间我始终在研究古币学，它让我度过了一段很是不错的日子。

「专家解疑」蛰伏：①动物冬眠，潜伏起来不食不动。②借指蛰居。

我趣味十足地反复琢磨古币这个金属小圆块，那就是人们称之为历史灾难的档案。在希腊人耕种过油橄榄树，拉丁人制定过法令的普罗旺斯，农民们翻耕土地时，却发现了这些几乎散落得满地都是的金属小圆块。他们将这些金属小圆块拿给我，询问我它们价值如何，但却从来不问我它们的意义有多大。

「名师点拨」农民与作者不同，他们不在乎金属块的历史意义，只在乎它们能不能给自己带来利益。

农民们发现的这些小圆块上的铭文和他们有什么关系！人们以前遭受苦难，今天依旧在受苦受难，以后还会受苦受难，对他们而言，这就是历史的车痕，其余的都是胡扯，纯粹是无事之人的消遣罢了。

「专家解疑」

小心翼翼：原形容严肃虔敬的样子，现用来形容举动十分谨慎，丝毫不敢疏忽。

心花怒放：形容内心高兴极了。

我对过去的事物则持有漠然的达观态度。我小心翼翼地用指甲尖刮磨小圆古币，将它上面的泥土清除掉，而后将它放在放大镜下仔细观察，尝试着解读上面的说明文字。在我读懂了这青铜古币或银质古币上的说明时，我可真的是心花怒放，欢天喜地啊。我刚看到一页有关人类的记载，但并不是来自书本那个不很确定的讲述者那里，而是来自差不多与人物、事件一个时期的鲜活存在的档案。

这点银子被冲头挤压成扁平状，上面的说明文字标着：VOOC，——VOCVNT，也就是维松，证明它是来自于博物学家普利尼经常度假的那座小城维松。这位著名的博物学编纂者普利尼也许在维松的某位主人的饭桌上品尝过莺，那就是古罗马美食家们赞叹不已的美食，就算是放到现在，在普罗旺斯的美食家眼中，它也是极其有名的，被称为“后腱子肉”。令人颇感恼火的是，我这里的银子却没有对此类情形的记载，和一次大战役比起来，这些情形可是更加值得人们铭记的。

这枚古币一面是个头像，另一面则是一匹奔马。整个古币非常粗糙，头像和奔马都刻得完全不怎么样。纵使是第一次在墙上用石头胡乱涂画的孩子，也不至于画得这般差劲。不是，那帮勇猛剽悍的粗人绝对不是艺术家。

「名师点拨」此处作者简略介绍了古币上的图案，同时也指出，图案刻得并不精美。为了强调这一点，作者还借用了对比，即一个胡乱涂画的孩子都不可能画得如此差劲儿，由此，我们就很容易想象出图案的粗劣程度，十分形象。

从弗凯亚来的那些外国人则花样繁多！这就是马萨里亚人的一枚德拉克玛，此钱币正面为弗所的黛安娜的头像，两颊丰腴、胖圆，下半唇厚凸，额头扁平，头顶一只凤冠，头发好像瀑布，浓密地散在颈后，耳朵上吊着耳坠，脖颈上围着珍珠项链，肩膀上挎着一张弓。在叙利亚的女信众来看，这一身打扮很适合她们的偶像。

倘若从今天的眼光看，这算不上漂亮。但如果称它为豪华大气的话，倒也能说得过去。

不管怎么说，这总要比现在那帮风雅女子给驴子耳朵戴上摆来荡去的玩意儿要强得多。时尚真是一种奇异至极的嗜好，在丑化人以及物方面真是花样繁多！商业神讲道：做买卖就不管什么美不美的，在美与利之间，做买卖即是讲利。

「专家解疑」嗜(shì)好(hào)：特殊的爱好(多指不良的)。

这枚德拉克玛的反面是一头爪抓地、口大吼的雄狮。这种用某种猛兽来象征强大的未开化的行径并不是从今天开始，它好像

是在说恶是力量的最高展现。钱币的背面时常雕刻着老鹰、雄狮和其他一些凶悍猛兽。仅有现实中的还不够，还要凭空捏造出一些凶恶的怪兽来，如半人半马的怪兽、凶龙、半马半鹰的带翅怪兽、独角兽、双头鹰等其他什么的。

「名师点拨」此处作者阐明了自己的态度，即对于用凶悍猛兽来彰显自身力量强大的行为，作者是不认同的。

发明这些怪兽装饰的人们和那些用熊掌、鹰翅以及插在其头发上的豹牙来显示自己勇猛善战的印第安人相比较是不是更加高明呢？我对此不敢认同。

我们最近投入使用的银币背面的图像比上面描述的这些面目狰狞的怪兽要招人喜欢千百倍！播种女神在旭日东升时用灵巧的双手把思想的良种播撒在犁沟里，这就是我们现在银币的背面图案。这类图像虽简单但却崇高伟大，令人深省。

马赛的德拉克玛的好处就在于它那优美的浮雕。负责雕刻这枚古币头像轮廓的艺术家是一位版画大师，但是他缺少灵性。两颊丰腴的黛安娜好像是个野蛮的荡妇。

这是已沦为尼姆殖民地的沃尔西人的纳马萨特。奥古斯都与其朝臣阿格里帕的脸部侧面相对，奥古斯都眉毛坚挺，脑袋扁平，鹰钩鼻子，不

能让我感觉出他的赫赫威名，尽管朴实的诗人维吉尔说他是“成功造就的神”。假如奥古斯都的险恶计划没有实施成功的话，那么奥古斯都就成了人们心目中的恶人屋大维了。

与他相比，我还是喜爱他的朝臣阿格里帕多一些。这位伟大的人喜欢摆弄石头，他以他那泥瓦工程、引水渠、修桥铺路使粗野的沃尔西人稍得开化。在距离我们村庄不远的地方，有一条从埃格河岸边开始的宽阔大路，它一直向远处直直延伸，渐渐往上爬去，越过塞里昂丘陵。这条大道漫长而单调乏味，但却处于一座强大的古罗马要塞的保护之下，该要塞很久之后变成了有名的古堡。

这是阿格里帕修建的道路的其中一节，它连接起了马赛和维恩。这条已经经过两千多年岁月的宽阔纽带一直都是车水马龙，非常繁华。在这里古罗马军团的那些身着褐色战袍的步兵已经不存在了，我们现在看见的是那些赶着羊群和不听话的小猪崽前往市集的农民。依我的看法，这样反倒是一种好现象。

在这枚铺满铜绿的苏的背面有“尼姆的移民地”的字样。文字说明的旁边有一条锁在一棵棕榈树上的鳄鱼，棕榈树上还挂有一顶王冠，它象征着移民地的“开国元勋们”对埃及的征服。尼罗河的鳄鱼在这棵棕榈树下龇牙咧嘴，它向我们讲述了酒色之徒安东尼；它还给我们描述了克娄巴特拉的故事，说倘若她是塌鼻子的话，本来是会改变世界面貌的。这只背有鳞片的爬行动物——这条鳄鱼引起的回忆，成为我们的一堂非常奇妙的历史课。

「专家解疑」

粗野：粗鲁；没礼貌。

车水马龙：车像流水，马像游龙，形容车马或车辆很多，来往不绝。

「名师点拨」

安东尼是恺撒大帝的一员大将，在恺撒死后，他与埃及艳后克丽奥佩脱在一起了。最终，他被屋大维打败，自杀而死。此处作者向我们介绍，古币上的图案，能够帮助我们回忆起历史的一幅幅片段，因此有特殊的价值。

这种金属古币学的高级课程异彩纷呈而又不出我们村子周围一带，便如此长期延续着。但还有另一种花费不多但却高深的古币学，它用它的那些纪念章——化石，向我们叙述生命的历史。这就是石头的古币学。

我站在窗户边缘和这位久远岁月的知己谈论着一个已经逝去的世界。此处是个实实在在的尸骨掩埋地，它的上面处处都留有已逝生命的印迹。如海胆的尖头、鱼类的牙齿和脊椎、贝类的残壳、石珊瑚的碎片在此形成了一个墓葬群。倘若将我家住所的砾石挨个观察摸索一番，就能发现这处府邸简直就是一只圣骨箱、一处远古活物的旧义冢。

现在用于建筑材料的岩石层，用它那坚硬的外壳覆盖周围这座高原的大部分。不知从什么时代开始，或许自阿格里帕在此为修建奥朗日剧院的阶梯和面墙而让人切割大青石的那个时期起，采石工就在那儿挖掘了。

稀奇古怪的化石每天都会在铁镐的要挟下与我们相遇。最引人注目的是一些牙齿，他们外粗里滑，珐琅质又叫牙釉质，是在牙冠表层的半透明的白色硬组织，十分坚硬，洛氏硬度仅次于金刚石。像新牙一般光亮。除此之外，还可以看见一些相当完好的化石，呈三角形，边缘为轧齿状花边，几乎同手掌一般大。

看，这张装着像耙子一样牙齿的嘴里，耙子排成数列，一层一层地直至喉咙，好大一张血盆大口啊！被利齿撕碎的是何种物

「专家解疑」

高深：水平高，程度深（多指学问、技术）。

府邸（dǐ）：府第。贵族官僚或大地主的住宅。

义冢（zhǒng）：旧时埋葬无主尸骨的坟墓。

「好词好句」

稀奇古怪

引人注目

*看，这张装着像耙子一样牙齿的嘴里，耙子排成数列，一层一层地直至喉咙，好大一张血盆大口啊！

「名师点拨」只要在脑子里想想这个巨噬人鲨，就觉得毛骨悚然，可见它的骇人形象，而且被称之为水中霸王的鲨鱼在这个凶神恶煞的巨噬人鲨面前也只是侏儒，足见巨噬人鲨的庞大。

体呀！你只要在脑子里复制这台可怕的杀人机器，就会感到毛骨悚然了。这个全副武装的凶神恶煞属于角鲨族，古生物学称之为巨噬人鲨。看看今天那称之为海中霸王的鲨鱼，你就会对它有些概念上的了解了，正如看见侏儒你就了解巨人似的。

其他的角鲨化石也会存在于同一块石头之中，全部是满嘴利齿。你可以看到利齿如尖刀的尖额鲨，下颚长着弯曲带齿的爪哇顶重器的半锯鳐，嘴里满是弯曲锋利、一面平一面凹的尖刀的鼠鲨，扁平牙齿上有发光锯齿的鳃鲨。

这座尖牙利齿的武器库向我们提供了可以证明古代杀戮的有力证据，它的价值与尼姆的鳄鱼、马赛的黛安娜、维松的奔马一样。这座武器库以其屠杀武器向我描述着这种屠杀是怎样在各个时代消灭泛滥成灾的生命的。它还告诉我："现在你对着石头思考的位置，在先前存在一湾海水，那里居住着成群的凶残的肉食者和温和软弱的被残杀者。现在的罗纳河谷就曾经被这条长长的海湾占据着。那离你家很近的地方，曾经是一番波涛汹涌的壮景。"

「专家解疑」
汹涌：（水）猛烈地向上涌或向前翻滚。
隐居：由于对统治者不满或有出世思想而住在偏僻地方，不出来做官。

此处海岸的悬崖峭壁的确保存完好，以致使我在沉思时，总是觉得听见了隆隆的涛声。海胆、石蛏、海笋、住石蛤都在那儿的岩石上面留下了自己的印迹。这是一些半圆形的凹窝，能够放进一只拳头；这是一些洞口狭小的圆形巢室，隐居者在其中接受不停更新且满载着食物的水流。古时候，有古代居民住在其中，已经矿化，直至其条痕和小鳞片如此脆弱的饰物都保存得非常完

好。然而更加常见的是，住在这里的古代居民已溶解不见了，住处却填满了早已变硬的细海泥钙核。在这个安静的小海湾里，被漩涡冲积在一起，并将它们淹没淤泥中成为日后的泥灰岩。这是以一些小丘作为坟冢的软体动物的坟场。我曾经挖掘到一些长约半米，重两三公斤的牡蛎。用铁锹在这坟堆里翻找，就会发现扇贝、芋螺、骨螺、锥螺、笔螺以及别的种类繁多的海洋生物。让人惊讶的是，如此一个僻静角落里，竟藏着一大堆先前鲜活的生命所留下的圣物。

「好词好句」
溶解
种类繁多
*让人惊讶的是，如此一个僻静角落里，竟藏着一大堆先前鲜活的生命所留下的圣物。

长有贝壳的埋葬虫还向我们证实，时间这个耐心的事物制度的革新者，不仅毁灭了早生早灭的单个生物，还使整个物种消失了。

「哲理名言」
时间这个耐心的事物制度的革新者，不仅毁灭了早生早灭的单个生物，还使整个物种消失了。

今天，我们毗邻的大海——地中海中，所有与消失的海湾中的居民相同的东西几乎都已灭绝了。如果想要在现在找寻一些跟古代相似的容貌，那或许就需要到热带海洋里寻觅了。

我家窗户边缘的石头古币学告诉我：气候已经转冷了，太阳在慢慢地熄灭，物种在灭绝。

我们先不要离开我那狭窄、矮小却又非常丰富的观察场地，继续向石头讨教，但这一次是要讨教昆虫的问题。在阿普特附近，处处可见一种形状奇特的岩石，它已经被风化得像书页了，就如同那淡白色的硬纸板。这种岩石用火点燃会冒出黑烟，有一股沥青味儿，它沉积在鳄鱼和巨龟时常出没的大湖湖底。人类从

「专家解疑」
风化：①由于长期的风吹日晒、雨水冲刷和生物的影响等，地表岩石受到破坏或发生分解。②含结晶水的化合物在空气中失去结晶水。

未目睹过这样的大湖，湖盆被山脊所替代，湖泥平静地沉积成一层层的薄地层，变成了又大又硬的礁石。

「名师点拨」此处作者运用了比喻的修辞手法，将用刀把石板分成薄片的过程比喻成一层层剥开硬纸板的过程，由此可以让读者清楚地了解这是一种怎样的工作。

我们将一块石板从这块礁石上分离出来，接着用刀尖把这块石板分成一些薄片，这工作非常简单，就像把重叠在一起的硬纸板一层层地剥开似的。我们这样做就像是在查阅从大山图书馆取出的一部书。我们在浏览一本配有精美插图的书。

这是一部出自大自然的手稿，比起埃及那纸莎草纸手稿来更加妙趣横生。它的每一页差不多都配有插图，更为神奇的是，那是真实的图像。

鱼类随意地聚集在这一页上，看上去像用石油煎炸过的鱼，鱼刺、鱼鳍、脊椎架、鱼头小骨已变成黑色小球的晶状眼球等等这些东西全都印在上面，与生前的自然形态一模一样。唯一没有的是流动的血肉，但这也无伤大雅：鲍鱼这道菜让人大饱眼福，使人忍不住想要用指尖去刮擦刮擦，再尝上一口这种保存了数千年的鱼肉罐头。我们来做一番奇妙的想象：让我们放一点这种石油煎炸的矿物鱼在牙齿下面。插图周围没有文字讲解，于是思考代替了文字说明。思考告诉我们：这些成群结队的鱼曾在那儿平静的水里旺盛地繁衍生息着。湖水突然猛涨，它们被夹带着厚厚淤泥的浪涛窒息而死。它们很快就被淤泥掩藏起来，因而逃过了暴风雨的毁灭性打击，从而穿越了时空，并将在裹尸布的保护下永远地继续穿越这时空隧道。这突然暴涨的湖水还夹带来周围被

「专家解疑」窒（zhì）息：因外界氧气不足或呼吸系统发生障碍而呼吸困难甚至停止呼吸。

雨水冲刷的泥土以及一大堆一大堆的植物或动物的残肢碎屑，因此这湖泊的沉积物也告诉了我们那些陆地生物的状态。这是当时的生命的总汇，我们再翻过我们的石板或可以称为我们的画册的一页，里面有长着翅膀的种子、有着褐色印迹的叶子。石头植物集与专业植物集在比试着植物的清楚程度。

这石头植物集向我们讲述这贝壳曾经跟我们讲过的故事：世界处在变化之中，阳光在向敦厚变化。如今的普罗旺斯的植物并非从前的那些植物，如今的普罗旺斯的植物中已看不到棕榈树、散发出樟脑味的月桂树、带羽毛饰的南洋杉和别的种类繁多的现已属于热带植物的树木和灌木。

请读者跟着我继续看下去。此刻看到的是昆虫。最普遍的是双翅目昆虫，身量非常小，往往是一些不起眼的小飞虫。大角鲨牙齿的粗糙石灰质外表的中间却非常细滑，让我们看了异常震惊。对这些嵌于泥灰岩圣骨箱中而毫发未伤的娇小飞虫又该说些什么呢？我们无法用力触碰的这种娇小生命居然在崇山峻岭的重压之下躺在其间没有变形！

那在石头上的六只细爪是张开着的，那形态、那姿势都完全是休憩时候的样子，稍微一碰触，爪子肯定会断。爪子完好得连指头上的双爪都在。两个翅膀是展开来的，用放大镜对双翅的纤细脉网观察研究，同用大头针把这只昆虫固定住加以研究是异曲同工的。丝毫未失其纤巧漂亮的触角如羽毛饰一般，腹部的体节

「专家解疑」

比试：①彼此较量高低。②做出某种动作的姿势。

棕榈（lǘ）：常绿乔木，茎呈圆柱形，没有分枝，叶子大，有长叶柄，掌状深裂，裂片呈披针形，花黄色，核果长圆形。供观赏，木材可以制器具。

「好词好句」

毫发未伤

崇山峻岭

*那在石头上的六只细爪是张开着的，那形态、那姿势都完全是休憩时候的样子，稍微一碰触，爪子肯定会断。

能够数清，有一排微粒围着，这些微粒便是它的纤毛。

年代久远却依然完整无损的乳齿象的骨架静静地躺在那边的沙床上，这已经非常让我们惊讶了；一只纤弱小巧的飞虫竟然完整无缺地保存于厚厚的岩石中，这简直是让我们瞠目结舌。

「专家解疑」
瞠目结舌：瞪着眼睛说不出话来，形容受窘或惊呆的样子。
涓涓：细水慢流的样子。
一目了然：一眼就能看清楚。

当然，蚊虫并非来自远方，不是由上涨的湖水卷带而来的。在大水到达之前，涓涓细流本来就会将它化为接近乌有的状态。它在湖边死去了。一个清晨的欢乐杀死了这飞虫，对它而言，一个清晨的时光已然是漫长无边了。它从灯芯草的顶端掉下来淹死了，而这个溺水者即刻便消失在淤泥坟地之中。

其他的那些虫子，那些粗短的，长着坚硬的凸状鞘翅的虫子，那些数量仅次于双翅目昆虫的虫子，它们是些什么样的虫子呢?看看它们延伸成喇叭状的狭小的脑袋，我们就一目了然了。它们是长鼻鞘翅目昆虫，是有吻类昆虫，说得稍许文雅些，就是象虫。细小的、中等个儿的、大个头儿的全都有，与它们今天同类的大小一样。

「名师点拨」
这里作者采用了细节描写的写作手法，由此为我们清晰地再现了石灰质岩片上蚊虫的千姿百态，形象生动，仿佛就在我们眼前。

它们在石灰质岩片上的姿态没有蚊虫的姿态端正。爪子乱伸，喙或藏在胸下，或向前伸出。它们当中，有的露出喙的侧面，更多的是通过颈部的一绺浓毛把喙歪在一边。

这些肢体残缺、身体扭曲的象虫不是突然地、平静地被埋葬的。虽然有许多象虫是在湖边植物丛中了却一生的，但大部分象虫是来自周围地区，被雨水冲带来的，在途中遇到细枝碎石，把

「好词好句」
完好无损
繁荣昌盛
*我的那些岩石书页除了吻管科昆虫以外，在鞘翅目昆虫方面的确没再向我展示什么。
*今天繁荣昌盛的昆虫族类没有留下一点儿蛛丝马迹。

肢体给弄得残缺不全。它们尽管有保护身体完好无损的盔甲，然而肢爪上细小的关节却被弄弯弄残，而污泥这块裹尸布把它们在途中弄成什么模样就那样裹起来。

这些外来的象虫大概来自远方，它们向我们提供了宝贵的资料。它们对我们说，假如说湖边昆虫类的最主要代表是蚊子的话，那么树林中昆虫类的代表则是象虫。

我的那些岩石书页除了吻管科昆虫以外，在鞘翅目昆虫方面的确没再向我展示什么。那么，那些别的陆地昆虫族，如步甲虫、食粪虫、圣金龟等被雨水通通像象虫一样带到湖中来的那些昆虫现在都在哪儿呢？今天繁荣昌盛的昆虫族类没有留下一点儿蛛丝马迹。

水龟虫、豉虫、龙虱这些水中居民都在何处？关于这些湖泊昆虫，很可能在我们发现它们时，它们就已在两块泥炭岩中间变成了木乃伊。如果当时存在这种昆虫的话，那它们就生活在湖泊中，而湖中的淤泥就很可能把这些带角的昆虫，尤其是比双翅目昆虫更加完整地保存下来。至于水生鞘翅目昆虫，曾经存留在这世上的痕迹也就荡然无存了。

「专家解疑」
荆棘（jí）：泛指山野丛生的带刺小灌木。
蛀蚀：由于虫咬而受损伤。

这些地质圣骨箱中找不到的昆虫，它们究竟去了哪里呢？荆棘丛中的、草丛中的、被虫蛀蚀的树干中的这些昆虫如同钻木的天牛、滚粪球的金龟子、将猎物开膛破肚的步甲虫，去哪儿寻找它们的踪迹呢？它们全部处在正变化中的未成形者。在那个时候还没有它们：将来在等待着它们。假如我能够确信自己有空儿查查那些内容简单的文字档案的话，那么也许我就可以确定象虫是个高寿的家伙——当然是对鞘翅目昆虫来说了。

物种在进化的初始，常常会演化出不少形象怪异的生物，那些与大自然很不协调的生物是那么奇特与迥异。如蜥蜴，刚开始它们是实实在在的怪兽，身长十五至二十米。你可以发现它们的鼻子以及眼睛上都长着角，背后鳞片丛生，脖子凹陷如袋并且骨刺林立，而它们的脑袋还可以缩进这个袋子里——就如同教士把脑袋缩进风帽里似的。

它们曾想进化出翅膀来，不过却没有成功。这种让人害怕的进化过程结束了，演化的狂热静下来了，因此我们现在就可以看到讨人喜欢的绿色蜥蜴趴在我们的篱笆上了。

在生命创造鸟的时候，它令鸟喙上长有爬行动物的锋锐的牙齿，使得鸟的臀部拖着饰有羽毛的尾巴。这些还没有定型的、狰狞可怕的生物是红喉雀以及鸽子的老祖宗。

所有这类原始动物，脑袋都很小，智力特别差。远古时代的野兽只是捕猎的工具，智力在那时候和一只消化食物的胃毫无关联，它们产生关联是未来的事了。

象虫就是在以自己的方式策略重复着这样的畸变。看看它小脑袋上的那个奇怪的延伸部分，其上面这一块有又厚又短的吻，那一块有非常粗的圆形吻管或切削成四棱面的吻管。另外，这个延

「名师点拨」
此句是一个过渡句，起到总结上文、提起下文的作用。过渡句可以使文章整体变得通顺、连贯。

「好词好句」
狂热
定型
*这种让人害怕的进化过程结束了，演化的狂热静下来了，因此我们现在就可以看到讨人喜欢的绿色蜥蜴趴在我们的篱笆上了。
*这些还没有定型的、狰狞可怕的生物是红喉雀以及鸽子的老祖宗。

「专家解疑」
关联：事物相互之间发生牵连和影响。

伸部分好像北美印第安人那个形象怪异的长烟袋，尤其纤细，大小和身长相似，甚至比身长还长。在此奇特工具的末端口里，是上颚那把灵巧的剪刀。它的身体两侧长着两根触角。

「名师点拨」此处作者全面总结概括了象虫面貌的总体特征，为了更清晰形象地描述象虫，作者再次运用了比喻的修辞手法，奇怪的延伸部分犹如北美印第安人形象怪异的长烟袋，这对于加深读者印象具有重要作用。

这喙，这嘴，这个怪模怪样的鼻子有什么用途呢？象虫是从哪儿寻到这种器官的模型的？它从未去任何地方找模型，它本身就是这类模型的创造者，它拥有这类模型的专利。除了它这一种族外，别的任何鞘翅目昆虫都没有这种奇形怪状的嘴。

我们还需要注意它那特别狭小的脑袋。那是从鼻子底部膨胀起来的一个球球。那球里面会是什么呢？一个惹人怜的神经工具，那是非常有限的本能的标记。在见到这些小脑袋的家伙干活

儿之前，没人关注它们智力上的事。它们被归到了木讷迟钝、没有本领的昆虫这一类。这一看法以后并没有遭到否定。

即使没人夸赞象虫科昆虫的才能，但也不会因为这样就对它们不屑一顾。就像湖中岩片书页告诉我们的那样，它们是位于长鞘翅昆虫的前列的。它们早就在预防突发事件上领先于在孵育方面最为灵巧的昆虫。它们向我们展现了一些原始昆虫形态，有时是十分奇怪的形态。

它们在自己那小小的世界中就同长着齿形大颚的猛禽和长着有角的眉毛的蜥蜴的情况相同。它们始终繁荣昌盛，繁衍至今，而在特征上却没有什么变化。我们今天所看到的这种形态

「专家解疑」

木讷（nè）：朴实迟钝，不善于说话。

繁衍：逐渐增多或增广。

便是它们在各大陆的远古年代的形态。这一点由石灰岩书页强烈地证实了。

我勇于把其所属，有时甚至是其种的名称标注于岩片书页的那些图像下端。本能的不变性应该是随着形态的恒久性的。经过查阅现代象虫科昆虫的有关资料，我们将就它们祖先的生物单方面写出和其实际情况很相近的一个章节。在它们祖先的那个年代，我们那神圣的普罗旺斯还有棕榈树在掩蔽着鳄鱼出没的辽阔的海域。叙述现代的历史将向我们讲述过去的历史。

名家品评

此篇故事带领我们探寻了已经逝去的生命印迹，从鲨鱼、鳄鱼、牡蛎、鱼、蚊虫到象虫，在作者的描绘中，我们仿佛重新结识了这些早已消失的生命，它们鲜活地展现在我们眼前，我们惊讶于它们顽强的生命，也悲伤于它们消逝的、被埋葬的生命。作者为我们所描述的一切，都不得不让我们感叹于生命的奇迹，即使已经消亡，但它们依然留下了存在过的印迹。

阅读思考

1. 成群结队的鱼是如何消亡的？

2. 象虫是哪种昆虫？

3. 象虫在石灰质岩片上展示出了怎样的姿态？

意大利蟋蟀

提到蟋蟀，我们并不陌生。夏秋之际，在田野上、在乡间小路旁、在树丛里、甚至在我们的家中，都能够听到它们那动听的声音。那么，意大利蟋蟀究竟长什么样子呢？它们又有着怎样优美的歌声呢？走进文章，去看一看吧。

在我们这里看不见面包铺和乡间灶屋间的常客——那类家居蟋蟀。然而，倘若说在我们村子里壁炉石板下面的缝隙里听不到蟋蟀的叫声的话，那么作为弥补，夏夜的田野里却流淌着美妙的歌声，那在北方并不常听得到。春季阳光明媚时，田间地头的蟋蟀便哼起了交响曲；炎炎夏日中，在夜深人静时，便有树蟋蟀，也就是意大利蟋蟀在歌唱。一种是昼间蟋蟀，一种是夜间蟋蟀，它们把这美妙的季节平分了。在前者歌唱期结束之后，后者便接着鸣唱起小夜曲来。

「专家解疑」
缝隙：裂开或自然露出的狭长的空处。

「好词好句」
夜深人静
鸣唱
*一种是昼间蟋蟀，一种是夜间蟋蟀，它们把这美妙的季节平分了。

意大利蟋蟀并无黑色外套，而且体形也并不是平常的蟋蟀那样粗壮笨拙。恰恰相反，它纤细纤瘦，苍白暗淡正满足了夜间活动的习性需要，你把其捏在手里都生怕捏碎了。它在各类小灌木上，在高高的草丛里，蹦来蹦去，很少停留在地上生活。从七月一直延续到十月，它们黄昏时分开始唱歌，一直延续到大半夜，是一场悦耳美妙的音乐会。

这里的人们对这样的音乐并不陌生，因为不管是在多么小的荆棘丛中，你都会察觉这种音乐会的演奏者。它们甚至还跑去粮仓里演唱，都是因为运草料时把它们夹带了进去，让它们迷了路，无法返回。这种苍白的蟋蟀习性极其神秘，所以谁也不能确切地知道是什么蟋蟀可以唱出如此动听的小夜曲，人们产生了错误的认

识，认为这是来自普通的蟋蟀，可是这个时节，一般的蟋蟀都还没有长大，因此也尚未学会鸣唱。

出自意大利蟋蟀的歌声是“格里一依一依”“格里一依一依”这种舒缓且柔和的声音，唱起来有些微微发颤，让歌声听起来更加美妙动听。你一听便会猜想到它的振动膜是非常细薄而宽大的。如果它待在叶丛中无人打扰的话，它的声音便不会变化，但只要有一点响声，这位歌手就立刻改用腹部发声。你刚才听见它一直在你面前鸣唱，然后突然你又听到它在那边二十步以外的地方继续歌唱，实际上只是音量变弱了，你还以为是距离的原因。

「名师点拨」此处介绍了意大利蟋蟀的发声特点。从作者的介绍中，我们可以看到意大利蟋蟀的发声是别具特色的，柔缓的音调，显得格外动听。

你急忙跑去却没发现任何东西，这声音依旧出自原先的地方。而且不仅是这样子。这一从左边传来的声音，或许是从右边又或者是从后面传过来。你彻底迷糊了，无法凭借自己的听觉去辨别蟋蟀究竟是在哪边鸣叫的。你是肯定需要提灯的，而且还要有足够的耐心，另外你还需要小心谨慎，以防发出一丁点响声，这样才能借助灯光捉到这位歌者。我按照这样的办法捉到了几只，放入笼中，从而多多少少知道了一些迷惑我们听觉的演唱家的情况。

「专家解疑」迷糊：①（神志或视觉）模糊不清。②小睡。

两片鞘翅全是由一片宽大的半透明干膜组成，薄的像一片白色洋葱片，可以整个儿地颤动。鞘翅状类似圆的一端，上部稍小。圆的这一端按一条粗重纵翅脉折成90度角，再把鞘翅凸边沿体侧

「名师点拨」这句话中，作者将蟋蟀的翅膀比作一片白色洋葱片，形象地描绘出了翅膀的薄的特点。

往下，在蟋蟀休息时，围住其身体，右鞘翅覆盖在左鞘翅上面。右鞘翅里侧接近翅根处有一块胼胝，辐射出了五条翅脉，两条朝上，两条往下，但第五条十分接近横向，稍微泛红，属于基本部件，也就是琴弓，这从其上横向的细锯齿一看即可明白。鞘翅的其他部分还有几条稍细的功用在于绷紧薄膜的翅脉，它并不是摩擦器的组成部件。左鞘翅，也可说下鞘翅，结构与右鞘翅一样，但差别就是琴弓、胼胝和由胼胝辐射出去的翅脉位于上部表面。

「专家解疑」
胼(pián)胝(zhī)：茧子。
咬合：彼此接触的物体，表面凸凹交错，相互卡住。

此外，我们还可以看到左右两把琴弓是斜向交叉着的。

在蟋蟀一展歌喉时，那好比薄纱船帆的左右鞘翅便高高竖起，只有彼此的内侧边缘部位相互碰触着。这时的左右两把琴弓是彼此斜着咬合着的，它们相互摩擦就使绷得紧紧的薄膜产生强烈的颤动。

根据每把琴弓是在另一个鞘翅的胼胝（它本身也是粗糙的）上还是在四条平滑的辐射翅脉中的一条上摩擦，蟋蟀发出的声音便有所差异。这也许不完全地向我们道出了为何胆小的蟋蟀觉得自己身处险境时会发出声音来迷惑我们，使人觉得声音缥缈不定，难以琢磨的缘由。

声音的强弱、响亮与否、沉闷变化，会使人产生距离上的错觉，这是蟋蟀这个腹语者的绝妙的艺术手法，然而产生这种错觉还有另外一个原因，这是很容易被发觉的。声音嘹亮时，鞘翅是完完全全竖起的，当声音比较沉闷时，鞘翅会多多少少有些下垂。当鞘翅处于下垂状态的时候，它的外侧边缘不同程度地压在蟋蟀柔软的侧部，因而振幅减小，声音就会随之变小。

用手指触及敲响的玻璃杯，它就会发出闷声，好像从远方传

「好词好句」
迷惑
缥缈不定
*声音的强弱、响亮与否、沉闷变化，会使人产生距离上的错觉，这是蟋蟀这个腹语者的绝妙的艺术手法，然而产生这种错觉还有另外一个原因，这是很容易被发觉的。

来一样。灰白色蟋蟀深知这个声学秘密，当有人去抓它时，它便将振动片的边缘挤在柔软的肚腹上，令人不能获悉它身在何处。

「专家解疑」相提并论：把不同的或相差悬殊的人或事物混在一起来谈论或看待(多用于否定式)。

旁若无人：好像旁边没有人，形容态度自然或高傲。

我们的乐器含制振器、消音器，可与之相提并论的意大利蟋蟀的制振器、消音器构造简捷，功效很好，比我们略胜一筹。

田野乡间的蟋蟀及其同类昆虫也采用此种消音方法，将鞘翅边缘压在肚腹或高或低的地方，可使振动减轻，但在它们中间，却没有谁可以比得上意大利蟋蟀的本领，它可以创造出这样奇特的效果。

我们的脚步声一旦靠近，哪怕是小心翼翼的，蟋蟀也会采用这种手段对付我们，令我们产生错觉。另外，它的声音还十分纯正，带着柔和的颤音。*仲夏夜间，万籁俱寂时，还有哪种昆虫的歌唱可以超过意大利蟋蟀的？那么美妙，那么动听。我忘了有多少次，席地躺在迷迭香花丛中聆听那悦耳动人的音乐演唱会啊！*

「智慧引路」从此处可以看出作者对意大利蟋蟀的喜爱之情。小朋友们，其实大自然拥有许多美妙有趣的生物，只要我们细心观察，就可以发现它们的可爱和奇妙。

在我的花园，晚上能听到很多的蟋蟀在鸣唱。在每一簇红花岩蔷薇中都能发现它的合唱成员，每一束薰衣草里也都有它们自己的乐队。那枝繁丛茂的野草莓树丛里，那笃耨香树丛内，全是蟋蟀们的演唱场地。这个小天地中的小生物们在以自己那优美嘹亮的声音彼此询问，互相作答，或许也可以说是对其他的歌者没有一丝感觉，仅仅是在旁若无人且酣畅淋漓地表达自己的心绪情意。

高处，在我头顶上方，天鹅星座在银河中伸展开它那巨大的十字架；下方，就在我的四周，蟋蟀奏响交响曲，此起彼伏，抑

扬顿挫，这些细小的以歌声来深情演绎自己快乐心声的生命让我忘记了这夜空中的群星闪耀。天空中的那些眼睛冷静漠然地眨巴着，在望着我们，但我们对它们却知道得很少。

科学告知我们它们离我们有多远，它们的速度是多快，它们的体积是多大，它们的质量是多重，还告诉我们它们的数量数不胜数，令我惊讶不已，然而这并没有让我们有少许的激动。因为什么？原因是科学缺乏了那个巨大的奥秘，也就是生命的秘密。天上有什么？太阳正在温暖着什么？

理性告诉我们，有一些跟我们这里相似的世界，有一些生命在中间展开无穷变化的大地。这种宇宙观称得上浩瀚浩渺，但也

「哲理名言」理性告诉我们，有一些跟我们这里相似的世界，有一些生命在中间展开无穷变化的大地。

仅是一种观念而已，并无确切的事实依据。确切的事实才是至高无上的，才是看得见摸得着的。所说的“可能”，特别是“极其可能”，并不是“明显”，并非是显而易见，无懈可击的。

「专家解疑」
显而易见：（事情、道理）非常明显，很容易看清楚。
无懈可击：没有漏洞可以被攻击或挑剔，形容十分严密。

令我感到了生命的颤动的蟋蟀们才是我的同伴，而生命才正是我们的灵魂。正是有这个原因的存在，我才将身子倚靠着迷迭香树篱，仅仅是神思不属地朝那天鹅座任意一瞥，我的全部心思都放在你们那小夜曲上了。

巨大的没有生命的原料，远远不如一小块注入生命活力的能感受苦与乐的蛋白质。

名家品评

本篇作者介绍了意大利蟋蟀，其中重点介绍了它的发声原理。此外，通过描写蟋蟀这个小小的生命，作者有感而发，从中也感悟到了生命的真谛，即我们的生命跟浩瀚的宇宙比起来，是渺小而短暂的，但生命又是崇高的，有着无可比拟的光彩。

阅读思考

1. 意大利蟋蟀长什么样子？

2. 意大利蟋蟀的发声原理是什么？

3. 通过作者对生命的感悟，你得到了怎样的启迪？

田野地头的蟋蟀

蟋蟀除了会发出动听的歌声，它还是产卵高手呢。那么，一只母蟋蟀一次产卵大概有多少呢？蟋蟀卵又是一副什么模样呢？想要知道这些问题的答案，就跟随作者去看一看吧。

倘若有人想要观察蟋蟀的产卵过程，那都不需要提前准备什么东西，只要你有一点耐心就足够了。布封注曾说，耐心是一种天赋，我却谦虚地把它叫作是观察者的优秀品质。

「哲理名言」布封注曾说，耐心是一种天赋，我却谦虚地把它叫作是观察者的优秀品质。

四月份，最多到五月份，我们给它们配对，另外放入花盆里，撒上一层土，压结实。食物就是一片莴苣叶，要经常更换新鲜的。花盆上盖一块玻璃在上面，以免它们逃跑。

这种方法简单但有效，必要时还可以再加一个金属网罩的装置，便更加高级了，这样我们就可以得到一些十分有趣的资料了。

我们以后再说这些。现在，我们要看着它产卵，必须时时刻刻警惕着，不要错过任何有利的机会。

在六月的第一个星期，我毫不松懈的观察有了初步满意的结果。

我猛然发现母蟋蟀纹丝不动，输卵管笔直地插入土层里。它毫不在乎我这个鲁莽的观察者，久久地待在同一个点上。最终，它把自己的输卵管从土里拔出来，心不在焉地抹去了那个小孔的痕迹，休息一小段时间，在周围转悠一下，便又在其花盆内它的地界儿里继续产卵。它好似白额螽斯一样重复地干着，只是动作比后者缓慢得多。一整天之后，产卵仿佛完成了。为了预防万一我又连续观察了两天。

「专家解疑」螽(zhōng)斯：昆虫，身体绿色或褐色，触角呈丝状，有的种类无翅，雄虫的前翅有发音器，雌虫尾端有剑状的产卵管。善于跳跃，一般吃其他小动物，有的也吃植物，是农林害虫。

现在，我着手翻动花盆里的土。发现这些一个个被笔直地置于土中的卵，它们两端显现出圆形、好像有三毫米的长度、呈现淡黄色，每次产卵的数量不一样，多少不一，彼此紧挨在一起，我在整个花盆的两厘米厚的土里都发现了这种卵。

我使用放大镜勉强地尽可能数清土里的卵，据我估计一只母蟋蟀一次产卵大概有五六百个，不久后非常多的卵便会遭到淘汰。

「名师点拨」作者先说明自己的结论——蟋蟀卵是一个小机器，然后用说明的方法为我们揭示了这一观点，结构严谨，值得我们在写说明文的时候借鉴。

蟋蟀卵真称得上是个绝妙的小机器。孵化完毕后，这卵壳就像一个不透明的白色筒子，在其顶端存在一个形状很规则的圆孔，圆孔边缘为一个圆帽，当作孔盖用。圆帽并不是由新生儿随意顶开或钻破的，而是在中部存在着一条特别的线条，闭合不严，可以自动开启。看卵孵出是非常有趣的。

产卵大概过去十五天后，在前端显现了大而圆的黑黄的点，这就是蟋蟀的眼睛。在比这俩圆点稍微高点的上方，圆筒子的顶部，显现出一条细小的环状肉，卵壳将会从此处裂开。不久，半透明的卵就可以让我们看到婴儿那孵化中的小样儿。这时候就必须更加谨慎，增多观察次数，尤其是早晨。

「名师点拨」此处作者为下文蟋蟀孵出卵做了铺垫，通过半透明的卵我们能观察到蟋蟀婴儿的小样儿，由此不禁让我们更加好奇它彻底钻出来时会是怎样的可爱模样。

好运总会眷顾有心的人，我的孜孜不倦最终换来如愿以偿。稍微隆起的肉在不停地改变着，出现了一拱便破的一条细线。卵的顶部被里面的婴儿的额头顶着，沿着那条细肉线抻着，仿佛小香水瓶一样微微启开，分开两边。蟋蟀就会从盒中钻出来，就像一个小魔鬼似的。

小魔鬼钻出后，那壳儿依旧鼓鼓的，完整光滑，为纯白色的，那顶圆帽正在小孔口那里挂着。鸟蛋是被雏鸟喙上专门长着的一个硬肉瘤撞破的，蟋蟀的卵则是一个高级小机械，宛若一只象牙盒子似的自动启开。小蟋蟀用额头一顶，铰链便启动，壳也就打开了。

「专家解疑」

宛若：宛如；仿佛。

弱肉强食：指动物中弱者被强者吃掉，泛指弱者被强者欺凌、吞并。

小蟋蟀脱去身上的那件精美外套后浑身发灰，近乎白色，马上便和上面压着的土搏斗开来。它使用大颚拱土，它踢蹬着，将松软的妨碍它的土拨到身后去。最终它从土层中钻了出来，终于享受到了灿烂阳光的沐浴，然而它这样瘦小的身子，甚至还不如一只跳蚤大，在弱肉强食的世界上历经风险。一整天后，它体色产生了变化，成了一只漂亮的小黑蟋蟀，乌黑的颜色可和成年蟋

「好词好句」

欢蹦乱跳

至高无上

*它非常敏捷，用它那颤动着的长触须探测着周围的空间；它奔跑、蹦跳，非常高兴，以后体态发胖就没现在这么欢蹦乱跳了。

*啊，我可爱漂亮的小家伙们，我将给予你们充分的自由，我将把你们托付给大自然这个至高无上的教育者，于是我决定就这么办了。

蟀一较高低。原来的灰白色只剩下一条好像牵着婴孩学步的背带似的白带围在胸前。

它非常敏捷，用它那颤动着的长触须探测着周围的空间；它奔跑、蹦跳，非常高兴，以后体态发胖就没现在这么欢蹦乱跳了。它年幼胃嫩，该给它吃些什么呢？我一无所知。我像喂成年蟋蟀一样，拿嫩莴苣叶喂它。它不屑吃它，也许是它咬的印迹不明显，即使吃了点我也没看出来。

没有几天的工夫，我的十对蟋蟀大家庭成了我的一大负担。

突然间就是五六千只小蟋蟀，当然是一群漂亮的小家伙，而它们都需要如何照料我却全然不知，我该怎么办呢？

啊，我可爱漂亮的小家伙们，我将给予你们充分的自由，我将把你们托付给大自然这个至高无上的教育者，于是我决定就这么办了。我找到花园里最好的一些地方，在每个地方都将它们放

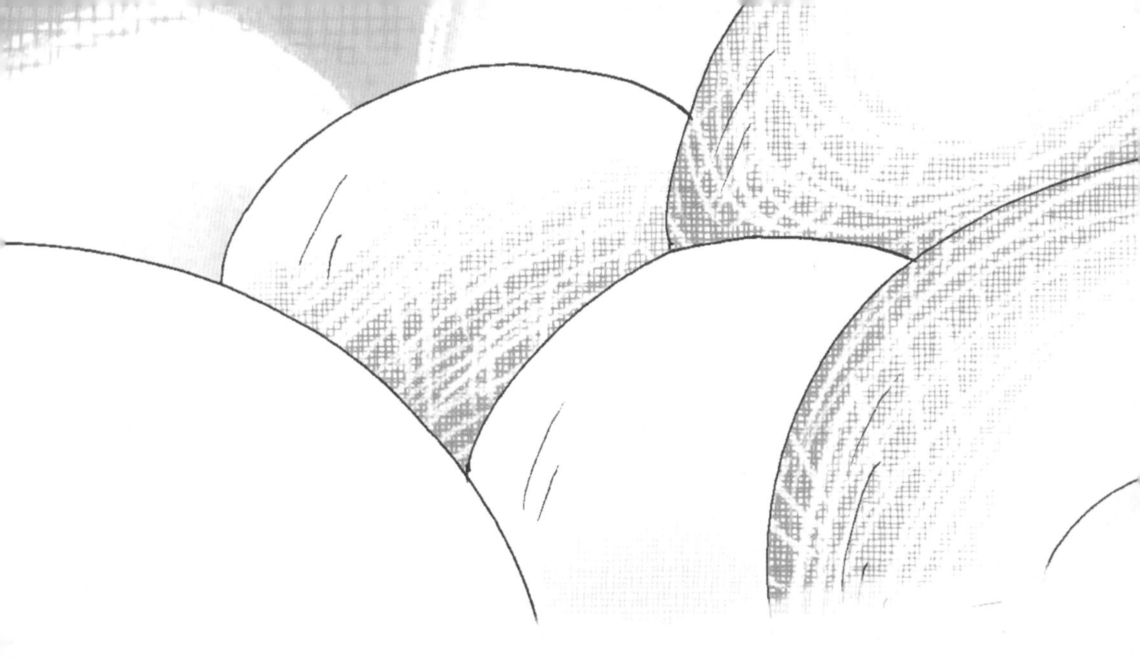

生了一些。如果它们一个个都活得很好，明年我的门前便会有多么美妙动听的音乐会呀！但是，这愿望中的美景并未出现，可能不会有什么美妙动听的音乐会了，因为母蟋蟀虽然产卵很多，但随之而来的是凶残的杀戮，而幸存下来的或许只有几对蟋蟀。

最先为抢夺这上天所赐的美味而跑来并大开杀戒的是小灰壁虎和蚂蚁。特别是其中的蚂蚁，这个可恶的暴徒恐怕不会在我的花园里给我留下一只蟋蟀的。它抓住可怜的小家伙们，咬破它们的肚皮，疯狂地大嚼一通。啊！该死的恶虫！但是我们却一直将它视为第一流的昆虫！书本上对它赞不绝口；博物学家们更是将其捧上了天，每天都在为它们锦上添花；动物界同人类一样，有各种各样让自己声名远播的办法，但最可靠的是损人利己，这是千真万确的道理。

「专家解疑」

暴徒：用强暴手段迫害别人、扰乱社会秩序的坏人。

赞不绝口：赞美的话说个不停，形容对人或事物十分赞赏。

没有人熟悉这些可爱高贵的清洁工食粪虫以及埋葬虫，可是那些吸血的蚊虫、长着毒刺且残暴好斗的黄蜂，还有专门干坏事的蚂蚁，却无人不知无人不晓。在南方的村子里，蚂蚁毁坏房屋椽子的激情如同它们掏空一棵无花果树一样。我无须赘述，每个人都能从人类的档案馆中找到此类的例证：好人无人知晓，恶人声名远扬。

「专家解疑」赘(zhuì)述：多余地叙述。

由于蚂蚁以及其他一些杀戮者的无情屠杀，我花园中起初数量多多的蟋蟀日渐稀少，使我的研究很难继续下去。我只好跑到花园以外的地方展开我的观察了。

时值八月，在还没有被这三伏天的阳光完全炙烤干的草地上发现了有一小块绿洲的落叶。我在落叶这里发现了已经长大成熟的小蟋蟀，与成年蟋蟀一样全身墨黑，初生时的白带子这会儿已全部褪去了。

它居无定所，一片枯叶、一片砖瓦便足够它遮风避雨，如同不考虑何处歇足的流浪民族的帐篷一样。

直到十月末，寒流来袭，它才开始筑巢做窝的工作。据我对囚于钟形罩中的蟋蟀的观察，这个活儿极其简易。蟋蟀从不在其中的一个裸露地点筑巢，它通常都是把吃剩下的莴苣叶遮挡的地方作为其筑巢地点，莴苣叶替代了草丛成为躲藏时不可缺少的遮檐。

「名师点拨」此处描写了蟋蟀躲避寒流的方法，即在吃剩的莴苣叶下筑巢。作者通过对蟋蟀这种行为的观察与描述，再次向我们证明了蟋蟀习惯囚于钟形罩中，而不喜欢暴露的习性。

蟋蟀工兵用前爪挖掘，运用其颚钳挖掉大沙砾。我看见它用它那有两排锯齿的有力的后腿在蹬踢，把挖出的土踹到身后，呈一斜面。经过这些工序它的巢就筑好了。

开始工作时非常顺利，在我的囚室的松软土层里，两个小时的工夫，挖掘者便消失在地下了。它还时常边后退边扫土地回到洞口。

「专家解疑」
挖掘：挖；发掘。
休憩(qì)：休息。
羞答答：状态词。形容害羞。

倘若干累了，它便在尚未完工的屋门口停下来，头伸到外面，触须微微地颤动着。在短暂的休憩过后，它又回过头来，接着一边挖掘一边清扫地忙活起来。没过多久，它又干干歇歇，歇息的时间也越来越长，我观察的劲头儿也跟着减弱了。

最紧迫的活计已经完成了。洞深两寸眼前足够用了，余留的活计费时费力得抽空去做，每天干点儿。气候在日益变凉，自己的身体逐渐长大，巢穴就需要慢慢地挖深扩宽。就算是到了冬季，一旦天气比较温暖，洞口有太阳，也能经常发现蟋蟀在往外弄土，说明它在修整扩建巢穴。

到了春光明媚时，巢穴依旧在继续维修，不断地修复，直至屋主死去为止。

「智慧引路」
蟋蟀不知疲倦地反复维修巢穴，从这里可以看出蟋蟀的勤劳。生活中，小朋友们应该学习这种勤劳的品质，不要养成懒惰的恶习。

过完四月，蟋蟀开始歌唱，先是一只两只，羞答答地在独鸣，不久便可以听到交响乐了，每个草窠里都有一只在歌唱。我很喜欢把蟋蟀列为万象更新时的歌唱家的首位。在我家乡的灌木丛中，在百里香和薰衣草盛开之时，蟋蟀从来都不会缺少响应者：百灵鸟飞向蓝天，展放歌喉，从云端将其美妙的歌声传到人间。

地上的蟋蟀虽歌声单调，欠缺艺术修养，只是其质朴的声音与万象更新的淳厚欢快又是如此的和谐呀！它那算是对万物复苏的讴歌，是萌芽的种子和嫩绿的小草都能明白的歌声。在这样的二重唱中，优胜奖将被谁获得呢？我把它授予蟋蟀。它依靠歌手之多和歌声不断占了上风。

当田野里青蓝色的薰衣草宛若散发青烟的香炉随风摆动时，百灵鸟就已经不再歌唱了，人们只能听见蟋蟀在庄重地低吟着。

现在，解剖家跑来唠叨了，凶狠地对蟋蟀说："将你那唱歌的玩意儿拿给我们瞧瞧。"它的乐器十分简单，跟真正有价值的所有东西一样；它与螽斯的乐器原理相同：带齿条的琴弓以及振动膜。

蟋蟀的右鞘翅除了裹住侧面的皱襞以外，几乎全部覆盖在左鞘翅上。这和我们所见到的绿蚱蜢、螽斯、距螽以及它们的近亲完全相反。蟋蟀属于右撇子，但别的则是左撇子。

因为两个鞘翅的构造是完全相同的，所以我们如果把一个了解清楚了便可以清楚另外一个了。现在我们来仔细看看右鞘翅吧。它几乎平贴于背上，只是在侧面突然呈直角斜下，用翼端紧裹住身体，翼上存在着一些斜向平行细脉。背脊上存在着一些粗壮的翅脉，为深黑色，整体构建为一幅复杂而奇妙的图画，仿佛阿拉伯文似的天书。

鞘翅是透明的，呈现出微微的棕红色，不过两个连接处并非

「好词好句」

万物复苏

讴歌

*地上的蟋蟀虽歌声单调，欠缺艺术修养，只是其质朴的声音与万象更新的淳厚欢快又是如此的和谐呀！

*当田野里青蓝色的薰衣草宛若散发青烟的香炉随风摆动时，百灵鸟就已经不再歌唱了，人们只能听见蟋蟀在庄重地低吟着。

「专家解疑」

皱襞(bì)：褶儿，皱纹。

「名师点拨」

作者将蟋蟀背脊上的脉络比作"阿拉伯文似的天书"，足见其奇妙与复杂程度，十分形象。

这样，其中一个连接处大些，三角形状，处于前部；另外一个则小些，呈椭圆形，处于后部。这两个连接处均由一条粗翅脉围着，还有一些细小的皱纹。第一处同时拥有四五条加固的人字形纹，后一处仅是一条弓形的曲线。这两处就是此种昆虫的镜膜，构成它的发声部位，尽管略微显黑色。

「专家解疑」
精妙：精致巧妙。

只是它的皮膜确实比其他部位透明薄软。那确实是件精妙的乐器，与螽斯的乐器比起来那当然是要高级很多了。弓上的一百五十件三棱柱齿和左鞘翅的梯级相互咬合，使得四个扬琴同时振动，下面的两个扬琴通过直接摩擦发音，上面的两个则由摩擦工具振动发声。所以，它发出的声音

是如此的雄厚有力啊！螽斯仅仅有一个不起眼的镜膜，声音仅能传到几步远的地方，可是蟋蟀却有四个振动器，数百米以外都能够听到它的歌声。

蟋蟀歌声的亮度能够跟蝉相媲美，还不像蝉的声音那么低沉沙哑，让人听起来感觉十分厌烦。更奇妙的是，蟋蟀的声音抑扬顿挫。我们讲过，蟋蟀的鞘翅各自于体侧伸出，构成一个阔边，这便是制振器；阔边多多少少往下一点，便能够更改声音的强度，使之通过与腹部软体部分接触的面积大小，有时是轻声吟唱，有时是热情嘹亮。

「专家解疑」
媲（pì）美：美（好）的程度差不多；比美。
搔首弄姿：形容卖弄姿容。

除了在交尾时那些出于身体本能的打斗之外，蟋蟀们总是可以和自己的同类和睦相处的。不过求欢者们之间，斗争便是常事了，而且总不相让，只是结果往往并不严重。两个情敌互相头顶着头，相互咬脑袋，只不过它们的脑壳是一顶坚硬的头盔，足以顶住对方铁钳的夹掐，只见这俩你顶我拱，扭打在一起，不久复又挺立，然后各自离开。被打败的便急忙抱头逃窜；而胜利的一方则一展歌喉以示对败者的侮辱，随后又转成了轻柔的低吟，围着情人吟唱求欢。

求欢者尤其擅长搔首弄姿，它的手指一勾，将一根触须拽回到大颚下面，把它蜷曲起来，使用其唾液当成美发霜在其上涂抹。它的那个尖钩、镶着红饰带的修长的后腿，急躁地跺着，向空中踢蹬着。它激动得出不来声音。它的鞘翅在急速地抖动着，但又

「好词好句」
和睦
轻柔
*被打败的便急忙抱头逃窜；而胜利的一方则一展歌喉以示对败者的侮辱，随后又转成了轻柔的低吟，围着情人吟唱求欢。
*它的那个尖钩、镶着红饰带的修长的后腿，急躁地跺着，向空中踢蹬着。

不发出任何声响，甚至只是发出一阵零乱的摩擦声。

求爱失败，母蟋蟀就会跑到一片生菜叶下躲起来。不过，它似乎还想被那只公蟋蟀发现似的，会微微撩起门帘偷看。它一边朝柳树丛里逃跑，一边却依旧在偷窥着这些寻欢者。远在两千年前便有一支牧歌如此婉转地传唱着，情人间打情骂俏无论在何时何地都是一个样！

「专家解疑」打情骂俏：男女间用轻佻的言语动作挑逗戏弄。

名家品评

此篇文章中，作者详细描写了蟋蟀产卵、小蟋蟀破卵而出、蟋蟀的天敌、蟋蟀筑巢和蟋蟀求偶的相关内容，从中可以感受到作者对蟋蟀浓浓的喜爱之情。对于壁虎和蚂蚁无情吃掉蟋蟀的事情，作者字里行间都流露出了愤懑，接着还引申出了人类社会中那些损人利己的人，由此也留给我们深深的思考。

阅读思考

1. 蟋蟀卵具体是什么样子？

2. 蟋蟀在哪里筑巢？

3. 蟋蟀的鞘翅结构是怎样的？

圣甲虫

圣甲虫是大自然中的众多垃圾分解者中的一员，但是想必没有人真正了解圣甲虫的生活，圣甲虫是如何获得食物的？它们又是怎么进食的？它们社会成员之间抢夺食物的时候有什么秘密？走进文章，去一一找寻答案吧。

各种本能习性中最崇高的一种就是做窝筑巢、保卫家庭。

鸟儿这巧妙的建筑师告知了我们这一点，在本领方面特别多样化的昆虫也使我们见识了这一点。昆虫对我们讲：“*母爱属于本能的崇高灵感。*”母爱旨在维持族类长期繁衍，这是具有远高于保护个体的跟利害相关的头等大事，所以母爱在唤醒最迟钝的智力，使其高瞻远瞩。母爱要远高于神圣的源泉，不可思议的心智灵光就孕育其中，并能够突然迸发而出，使我们领悟出一种防止失误的理性。母爱愈坚强，本能便愈加优良。在这方面有一种昆虫最值得我们去关注，那就是膜翅目昆虫，其身上凝聚着最充足的母爱，它们所有的本能才干均是致力于为自己的子孙后代觅

「智慧引路」小朋友们要学会关心自己的母亲，她们给予我们的爱，以及为家庭琐事的操劳，是无私又伟大的，我们应该懂得感恩。

食谋屋。为了其复眼将再也看不到而其母爱之预见性深深知晓的家族繁衍，它们是种种天赋才干中的好手。一些是棉织品以及许多絮状物品的编织高手；一些则是细叶片篓筐的能工巧匠；一些属于泥瓦匠，负责建造水泥房间、砖石屋顶；一些则是陶瓷行家，使用黏土制作高档的尖底瓮、坛罐以及大肚瓶；一些长于挖掘，在湿热的地下修建神秘的地宫。它们掌握的技艺足可称为成百上千、数不胜数，简直能够同我们人类掌握的接近，其中有些我们甚至还不知晓，但它们却已用于居所的建造。随后便得考虑以后生活的食物：成堆的蜜，成块的花粉糕，精心造出的野味罐头……以未来的家庭为目标的这类工程中闪烁着在母爱激励之下本能的各种最高体现。

「名师点拨」作者在这里使用排比的修辞手法，列举了圣甲虫的天赋才干，层次清楚、描写细腻、形象生动。

在昆虫世界中，除圣甲虫之外，别的昆虫的母爱通常说来都较肤浅潦草，敷衍塞责。几乎绝大部分的昆虫，只是将卵产在合适的地方就放任不管了，只让幼虫独自冒着危险以及死亡去寻觅住所和食物。抚养如此不认真，才干如何就无所谓了。莱喀库斯将各种艺术通通从其共和国驱逐出去，他斥责这些艺术是使人们萎靡不振、意志消沉的玩意儿。就是这样，通过斯巴达方式喂养的昆虫，其本能的高级灵感也就被去除掉了。

「专家解疑」

肤浅：（学识）浅；（理解）不深。

敷衍：做事不负责或待人不恳切，只做表面上的应付。

萎靡（mǐ）：精神不振；意志消沉。

母亲从温柔甜蜜的育婴中脱离开来，那么所有特性中最优秀的智能特性便渐渐减弱，甚至完全泯灭。因为无论是动物还是人类，家庭一直都是尽善尽美的源头。若是对子孙后代爱护有加、体贴入微的膜翅目昆虫足以使我们赞叹不已的话，那么不管子孙死活，任由其自生自灭的别的昆虫相比之下就显得异常渺小了。而我们前面提到的其余昆虫就几乎占了昆虫的大部分，至少据我所了解，在各地的动物志里，仅见过第二个例子，这种昆虫替自己的家人准备食物以及居所，如采蜜的昆虫以及埋野味篓的昆虫。

「名师点拨」作者在这里指出了自然界中有非常多不顾子孙死活的父母，而能够为子女分忧的仅有采蜜的昆虫等少数，由此更加凸显了圣甲虫母亲的伟大。

但是让人感到惊讶的是，这种昆虫在细腻的母爱方面足以与食花的蜂类相媲美，只是它们竟然是些以消灭垃圾、净化被牲畜糟蹋过的草地作为使命的食粪虫类。若是想再找到谨记母亲职责又有丰富的母性本能的昆虫母亲，那么必须从芬芳四溢的花坛走开，转向大马路上骡马遗留的粪堆。自然中与此相近的两个极端比比皆是。对于大自然而言，我们的美或丑，肮脏或干净又算得了什么？大自然利用污秽为我们创造出鲜花，用丁点粪肥给我们创造出优质的麦粒。

「好词好句」
芬芳四溢
比比皆是
*大自然利用污秽为我们创造出鲜花，用丁点粪肥给我们创造出优质的麦粒。

各种食粪虫尽管天天和粪便打交道，但是却享有一种美誉。其身子基本都是小巧玲珑，并且穿戴庄重无可挑剔的光鲜，身子胖嘟嘟的，呈短壮体态，额头以及胸廓上都佩戴着怪异的装饰品，所以在收藏家的标本盒里显得光鲜照人，尤其是我国的那些品种，乌黑发亮；另外一些热带的品种，金光闪闪，黑紫油亮。

「专家解疑」
光鲜：①明亮鲜艳；整洁漂亮。②光彩；光荣。
油亮：状态词。油光(多叠用)。

它们是牲畜赶之不去的客人，一种苯甲酸的淡淡香气从它们身上散发开来，能够净化一下羊圈里的空气。它们那田园诗般的习性使昆虫分类词典的编纂者们大为震惊，所以他们这些以前不怎么关心其痛痒的学者们，这一回却改变了看法，对它们进行介绍时也用上了一些听起来悦耳的名字：梅丽贝、迪蒂尔、阿嫂达、科利冬、阿莱克西丝、莫普絮斯等。这些名字都是古代田园诗人们经常用到并且已经叫响了的名字。食粪虫被维吉尔式的田园诗中的词汇颂扬了。

「好词好句」
关心
悦耳
*瞧那在一堆牛粪堆儿上争来抢去的劲头儿啊！当初从世界各地聚集到加利福尼亚的淘金者们的那股狂热劲儿也比不上它们。

瞧那在一堆牛粪堆儿上争来抢去的劲头儿啊！当初从世界各地聚集到加利福尼亚的淘金者们的那股狂热劲儿也比不上它们。在太阳太毒之前，它们成百上千地奔来，大小不一，形状各异，体形有长有短，种类齐全，全都乱糟糟地爬来滚去，想要在这个大蛋糕上给自己分上一份儿。有的在露天干活儿，搜刮其表层；有的钻进厚实的牛粪堆里，挖出地道，寻觅优质矿脉；有的开凿底层，即刻把财宝埋进地里；那些个头儿小又力气弱的则待在一旁捡拾其身强力壮的同伙们掉下的渣渣屑屑什么的。有几个新来的可能是饿得不行，在原地就吃上了，但大部分则是想大捞一把，藏到安全的地方，以备不时之需。当你身处遍地飘香的田野里时，没发现一点新鲜牛粪，忽然到了这里，看到如此一堆一堆的宝贝，那真是天赐之物呀，只有有福分的才会这般幸运。

「名师点拨」
从作者对圣甲虫争夺食物的具体描写可以看出，这也是一个弱肉强食的世界，身体弱小的只能吃强壮能干者留下的。

所以，它们便把今天这宝贵财富小心谨慎地收藏起来。粪香四溢，方圆一公里都能闻到，食粪虫们闻讯纷至沓来，抢夺、瓜分这些美味佳肴，落在后面又跑又飞的那些正忙着往前赶哩。

「专家解疑」
纷至沓来：纷纷到来；连续不断地到来。

那个生怕迟到而向着粪堆一溜儿小跑的是谁呢？它一直僵直笨拙地挥动着自己长长的爪子，好像有一个机器在它的肚腹下面往前推着它似的；它的那对棕红色小触角大张开来，透着垂涎欲滴的焦躁情绪。它在拼命地赶，它赶到了，还将旁边几位食客撞倒了。这便是圣甲虫，它一身墨黑打扮，在食粪虫中数它的身材最为高大，而且它也是名气最大的一种。古埃及对它尊敬有加，把它视作长生不老的象征。它已经加入，与其同桌的食友并肩战斗，其食友们正在用自己宽大的前爪轻轻地拍打粪球，进行最后一道工序，或者再往粪球上加上最后一层，接着转身而去，回家安安心心地享用自己的劳动果实。我们来看一看那有名的粪球的一道道制作工序。

「名师点拨」此处作者采用了拟人的写作手法。“一溜儿小跑”的动作把圣甲虫的形象描写得妙趣横生，让人忍俊不禁，由此增加了阅读的兴趣。

圣甲虫头部边缘是个帽子，宽大扁平，上有六个细尖齿，排成半圆。这就是它的挖掘和切割工具，是它的叉耙，可以用来撬起和抛撒无养分的植物纤维，把好东西耙在一起聚集起来。*它们对食物的挑选便是这样进行的，对这些行家而言，它们对哪些地方优良哪些地方需丢弃已非常清楚。*假如圣甲虫是为自己寻觅食物的，它们选个差不多的就可以了，但如果考虑到自己的孩子，它们就会精挑细选，非常严格。

「智慧引路」虽然我们不是行家，但是同学们，我们在生活中也要努力做到明白自己想要的，果断地舍弃那些不适合自己的东西。

只解决自己的食物问题，圣甲虫并非很挑剔，粗略地选一选就行了。

「专家解疑」挑剔：过分严格地在细节上指摘。

它用带齿的头盔拱一拱，挑一挑，去除要丢弃的，然后把其他的归拢一下就得了。两条前腿一起用力地摆动。其前腿是扁平的，弯成弓状，上有粗壮的纹路，外侧配备着五个硬齿。如果需要用力，将障碍物推开，在粪堆中的最厚实的部分清出一条道来，圣甲虫便用肘力，亦即用其带齿的前腿左右归拢，再用齿耙用力一耙，便清出一个半圆形的空地来。地盘清好之后，前腿还有另一种工作要做：把顶耙耙到的东西归拢在一起，弄到自己的肚腹下面的后面四只爪子那里去，这后面四只爪子天生就是为了做旋工工作的。这些足爪，特别是最后的一对，又细又长，微微弯曲成弓形，顶端长有一个异常锋利的尖爪。稍许看上一眼就会知道它们很像圆规，在其弧形支脚之间环成一种球形，能够测量球面，加工球形。它们的确有加工粪球的作用。

「专家解疑」归拢：把分散着的东西聚集到一起。

圆规：绘图仪器，轴上固定有两个可以开合的脚，一脚是尖针，另一脚可以装上铅笔笔芯或鸭嘴笔头，用来画圆或弧。

烈日：炎热的太阳。

再将食物一耙耙地弄到肚腹下面的四只爪子中间，后爪接着稍微使劲，就可以依照腿部的曲线将粪球的雏形挤压成形。后来，这雏形粪球不时地被四条后腿形成的两副圆规摇动，挤压，渐渐变小变结实，再由肚腹加工，粪球的形状日益完善。假如粪球的表面那层过于坚硬，被剥落的可能性非常大的话，假如其中有一些地方纤维过多，旋转起来很困难的话，前腿就对不合适的地方进行再加工，它们用宽大的拍子轻轻拍打粪球，使得新添加的东西与原先的非常结实地合二为一，并把那些不易粘贴的东西拍实在粪球上。

「名师点拨」这一段作者的描写非常细致，将圣甲虫雕塑粪球的每一个动作都形象地描绘了出来，从中可以看出圣甲虫工作的认真和技巧的高超。

虽然是在烈日的炙烤下，但是对粪球的加工依然在紧张忙碌地进行着，你能够观察到旋工干起活来是这样迅速利落，让你肃然起敬。那活计以如此飞快的速度进行着：

起初的雏形只是个小弹丸，如今已壮大成一颗核桃那么大了，没过多久几乎就能变成苹果那么大。我曾见过食量惊人的圣甲虫竟然旋出一个拳头大小的粪球。这必定需要几天的工夫吧！

制作完需储备的食物，就需撤离混乱的战场了，把食物运到合适的地方。这时候圣甲虫最令人惊奇的习性开始表现出来了，圣甲虫急急忙忙地上路了，它用两条长后腿搂住粪球，而后腿锋利的尖爪则插入球体中去，起旋转轴的作用。它以中间的两条腿作为支撑，而以前腿带护臂甲的齿足作为杠杆，双足轮番按压、弓身、低头、翘臀，倒退着运送粪球。后腿是这部机器的主要组成部分，它们在不停地运作；它们一来一回，变换着足爪，以调整轴心，让负载物维持平衡，并在其一左一右地轮流推动之下，使粪球往前滚动。如此一来，粪球表面各点都轮流接触地面，使之不停地碾压，形状更加完美，而球面硬度由于受力均匀而逐渐一致。

使劲儿呀！好了，它向前滚动了，依目前的情况，它定能被运送到家，当然路途也不可能是一帆风顺的，少不了磕磕绊绊。这一个困难说来就来，但还不是很严重：圣甲虫碰到了一个斜坡，沉重的粪球要沿着斜坡滚下去，但是圣甲虫非要按自己认准的来，偏要横穿这条天然道，这可够大胆儿的，稍一失足，只要踩到一

「好词好句」
迅速利落
肃然起敬
*我曾见过食量惊人的圣甲虫竟然旋出一个拳头大小的粪球。
*这时候圣甲虫最令人惊奇的习性开始表现出来了，圣甲虫急急忙忙地上路了，它用两条长后腿搂住粪球，而后腿锋利的尖爪则插入球体中去，起旋转轴的作用。

「名师点拨」
此处，作者将圣甲虫搬运粪球时的一系列动作描写得惟妙惟肖，趣味盎然。阅读之中仿佛已经将我们带进事发现场，亲眼看见了圣甲虫摔得四脚朝天的有趣模样。

「专家解疑」
前功尽弃：以前的成绩全部废弃；指以前的努力完全白费。
庞然大物：外表上庞大的东西。

点碍事的沙子，就会失去平衡，就前功尽弃了。不出所料，它脚下一滑，粪球便滚到沟里去了。这下滑的粪球将圣甲虫带了一下，结果它摔了个四脚朝天，爪子在那胡乱蹬踢着。最后它好不容易翻过身来，继续去追它的粪球了。它的机器更加卖力地工作起来——是该小心点了，傻蛋。沿着沟底走，既省力又安全，沟底路好走，十分平坦，你不用费很大的力气，粪球就能滚动向前的。但是这圣甲虫偏偏就是不听，它执拗地向那个可以说是它的克星的斜坡奔去，或许再登高处对它来说是合适的。对此我真是无语了，因为就身居高处的优越性而言，圣甲虫的看法比我更有远见。可你起码该走这条道呀，那坡比较缓，你很容易从那儿爬到顶上的。它压根儿就不听，倘若有什么很陡的、无法攀登的斜坡，那个固执的家伙就偏偏选中它。

于是，西齐弗斯的工作开始了。它小心翼翼地，一步一步地，非常艰难地往上滚动那庞大的粪球。它一直是倒退着在推动。我在琢磨，它是使用何种稳定神功把这么个庞然大物稳定在斜坡上的？啊！稍一协调不好，它便白忙活半天了：粪球滑落下去，把它也连带着摔下去了。接着，它又开始往上爬，不一会儿又摔了下去。它随即又往上爬，这一次走得挺好，艰难路段总算过去了，原来是一个禾本植物的根在捣鬼，让它摔下去好几次，这一次它小心地绕开了这个该死的根。再使一把力就到顶了，但要更加小心啊，坡陡道艰，稍有不慎便前功尽弃。你瞧，脚踩在光滑的卵

「名师点拨」
在这段对西齐弗斯工作的描写中，作者运用动作描写，采用拟人的修辞手法，将这一场面生动地展现在了读者面前，十分有画面感。

石上，一溜，粪球和圣甲虫一起连滚带翻地又滑下去了。*可圣甲虫又开始往上爬，依然坚韧不拔，没有什么能使它泄气的。十次，二十次地试着这老也爬不上去的攀登，最后，它或者是以顽强的意志战胜了艰难险阻，或者是经过更加缜密的思考承认自己之前所做的无谓的努力，于是它重新选择了一条平坦的道路，终于如愿以偿地完成了工作任务。*

「智慧引路」
生活中，需要坚忍不拔的毅力，也需要转变思维，寻找另一条捷径。小朋友们应该学习圣甲虫的这种毅力，同时，也要学会变通。

这宝贵的粪球并不是每次都由一只圣甲虫独自运送，它常常都有伙伴帮忙，或者更准确地说，是同伴主动跑来帮忙。通常情况下是这么干的：一个圣甲虫制作完粪球之后，便离开纷乱熙攘

「专家解疑」
战利品：作战时从敌方缴获的武器、装备等。
争先恐后：争着向前，唯恐落后。

「好词好句」
幸福
解剖
*我从未目睹这种合作，我一直看到的只是每只圣甲虫都独自地在开采地点忙着自己的工作。
*两只圣甲虫，一前一后，激情满怀地在一起推动着那厚实的粪球，这让我想起了以前有人手摇风琴唱着的歌谣。

的群体，倒退着推动自己的战利品离开工地，最后跑来的那些圣甲虫有一个在它的身旁，刚要展开自己的粪球制造工作，就突然丢下了手里的活儿，向那滚动的粪球跑去，帮助这个幸运的胜利者，后者好像非常乐意接受这种帮助。这之后，这两个同伴就合作干起活儿来。它俩争先恐后地奋力把粪球往安全的地方运去。在工地上是否果真有过协议，双方默许平分这块蛋糕？在一个揉制粪球时，另一个是否在挖掘富矿脉以获取原料，添加到共同的财富上去呢？我从未目睹这种合作，我一直看到的只是每只圣甲虫都独自地在开采地点忙着自己的工作。所以，后来者是没有任何既定权益的。那么，这是不是存在异性同类中间的一种合作，是一对圣甲虫在为自己的幸福小家庭努力奋斗吗？

有一段时间里，我的确有这样的想法。两只圣甲虫，一前一后，激情满怀地在一起推动着那厚实的粪球，这让我想起了以前有人手摇风琴唱着的歌谣：为了布置家什，咱们怎么办呀？我们一起推酒桶，你在前来我在后。在经过一番解剖后，我就抛弃了这种夫妻互助的看法。仅仅看外表，是辨别不出雌雄圣甲虫的。于是我把两只共同合作运送粪球的圣甲虫拿来解剖，我发现的结果是它们通常是同一性别的。

既无家庭共同体，也无劳动共同体，那么存在这种表面上互帮的原因是什么呢？其实原因非常简单，目的就是占为己有。那个貌似热心的伙伴假意帮忙，实际上则是暗藏心机，一有机会便抢走粪球。粪球的制作过程既累人又要有耐心，如果能抢个现成，或者起码强行入席，那可就合算得多了。如果主人没有防备，帮忙者就可抢了粪球逃之夭夭；如果主人的警惕性很高，那就以自己也出了一份力而二人同席。这一招怎么算来都是能够得到好处的，所以抢夺便成了这个世界收效最佳的一种方式。有的就阴险狡猾地这么去干了，如同我刚才所说的那样，它们兴冲冲地去帮一位同伴，事实上后者根本无须它们帮忙，而且它们装着好心好意，其实心里暗藏杀机。还有一些圣甲虫，更是胆大妄为，干脆直奔主题，强行夺走别人的粪球。

「好词好句」
警惕
兴冲冲
*还有一些圣甲虫，更是胆大妄为，干脆直奔主题，强行夺走别人的粪球。

到处都有此类抢劫行径。一只圣甲虫独自推着自己通过辛勤劳动所获得的合法收益静静地离去了。另外一只，也不知是从哪里冒出来的，跑来抢掠，身子重重地落下，把被烟熏了似的翅膀收在鞘翅下面，然后挥起带锯齿的臂甲的背面扇倒粪球的拥有者，后者正在忙着推粪球，根本就无招架之力。当受袭者拼命挣扎，重新站立稳当时，攻击者已经立于粪球高处，那是击退对手的最有效的位置。它把臂甲收回胸前，准备迎敌，以防不测。失窃者在粪球周围转来转去，寻找有利的出击点，盗窃者则立于城堡顶上不停地转动，一直面对着失窃者。如果失窃者立起身来攀爬，盗窃者便朝它的背部猛地一击。假如进攻者不改变策略来收回失物的话，那防守者因位于城堡高处，必将一次次地挫败对手的攻击。这时，进攻者企图把城堡及其守卫一起推翻。

「专家解疑」
收益：生产上或商业上的收入。

「名师点拨」
此处将圣甲虫拟人化，分别拟作“失窃者”和“盗窃者”，通过对它们攻和防的描述，形象生动地写出了它们在面对食物时毫不示弱的一面。

「名师点拨」此处的描写可谓细致入微，用简练形象的词语将两个圣甲虫争斗的场面生动地再现了出来，读起来十分有画面感。

粪球底部受到摇晃，开始缓慢滚动起来，盗窃者也随着滚动，但它想尽办法始终立于粪球顶上。它办到了，但并非一直这样。它在不停地飞速跟着转动，使自己保持平衡。一旦脚下一滑，优势丧失，那就只好与对手短兵相接，双方身体对身体，胸部对胸部，你顶我撞地打斗起来。它们的爪子绞在一起，节肢缠绕，角盔相撞，发出金属锉磨的尖厉之声。然后，把对手掀翻，挣脱开来的那一位便赶紧爬上粪球顶端，抢占有利地势。围困又开始了，掠夺者与被掠夺者轮流包围，这全凭肉搏时的胜败来决定。二者之中不用说这抢劫者定是胆大妄为并且不惧危险，所以通常总是占有一定的优势。所以，被抢劫者两次败下阵后，便失去斗志，明智地选择回到粪堆去重新制作一个粪球。而那个抢劫侥幸成功的则很担心已经过去的危险会再次降临，便推着抢来的粪球赶紧朝自认为安全的地方跑去。

「专家解疑」
明智：懂事理；有远见；想得周到。
侥（jiǎo）幸：由于偶然的原因而得到成功或免去灾害。
伎俩：不正当的手段。

有时第二个抢劫者会不期而至，抢掠前一个窃贼的赃物。说实在的，我并不讨厌它。

我徒劳无益地在琢磨，那个把“财产即赃物”这个大胆的谬语狂言运用到圣甲虫的习俗中的普鲁东究竟是什么人？那个把“武力胜过权力”的野蛮法则在食粪虫的世界里加以发扬光大的外交家是谁？因为掌握的资料甚少，所以我没办法从根源处深入探查这些常见的抢劫手段，没办法弄清楚这种为了抢夺粪团而滥用武力的缘由，我所能肯定的就只有抢劫骗取是圣甲虫的惯用伎俩。

这些运送粪球的昆虫之间你争我夺，无所顾忌，我还真没有见过其他昆虫这么厚颜无耻地干过。索性我把这种昆虫心理方面的问题留给以后的观察者们去探索吧，我还是回过头来谈谈那两个合作搬运粪球的家伙。

「专家解疑」
索性：表示直截了当；干脆。
贴切：（措辞等）恰当；确切。
一门心思：一心一意；集中精神。

或许用词不够贴切，但我还是把那两个合作者称为合伙运送者。两个中间一个是强硬加入的，这另外一只或许是出于无奈而被迫接受的，非常担心遭遇更严重的危险。它俩的相遇倒还算和气，合伙者到来之时，拥有者正一门心思在干自己的活儿，新来者好像怀着最大的善意，马上投入工作。

它们俩一推一拉，相互合作。拥有者占着主导地位，担当主角：它从粪球后面往前推，后腿朝上，脑袋冲下。那个助手则在前面，姿势与前者相反，脑袋朝上，带齿的双臂按在粪球上，长长的后腿撑着地。它俩把粪球夹在中间一前一后地翻滚着，粪球就这么滚动着。

二者也并不是合作无间，特别是这助手与道路是背对的，加之粪球又挡住了拥有者的视线。所以，事故频繁，摔个大马趴是常有的事，好在它们也泰然处之，摔倒了马上爬起来，依然是各就各位，各负其责。就算是道路平坦，此种运送办法依旧只是事倍功半的，原因就是它俩的合作无法那么完美，实际上只要粪球后面的一个圣甲虫单独做，也同样可以干得很快，而且可以更利索。那个帮手虽然几乎弄得无法运送，但在表现出自己的善意之

「智慧引路」
虽然另一只圣甲虫的帮助是好意，但从作者的叙述中可以看到，有时好心也会帮倒忙。小朋友在帮助他人时，也要注意分清哪些事该帮，哪些事不该帮，不要盲目地什么忙都帮。

后，决定稍事休息，当然，它是不会放弃它已视作是自己财产的那个宝贝粪球，摸过的粪球就属于自己了。

「专家解疑」

掉以轻心：对某种问题漫不经心，不当回事。

默默无闻：不出名；不为人知道。

坐享其成：自己不出力而享受别人劳动的成果。

「好词好句」

默契

热情

*行到陡坡上时，它当上了排头兵，只见它用自己那带齿的双臂猛拽住沉重的大粪球，而其同伴，那个拥有者则在下方拼命抵住，一点点地往上顶着。

*有一些圣甲虫在攀爬斜坡这种必须通力配合才行的时刻，好像压根不觉得有困难要克服似的。

但它也不会掉以轻心贸然从事的，否则对方会把它给晾在那儿。

它把腿收回到肚腹下面，身子紧挨在（可以说是嵌在）粪球上，与之混为一体，粪球和这个贴在其表面的帮手在合法主人的推动下一同往前滚动着。粪球在它的身下，随着粪球的滚动，它一会儿在上，一会儿在下，一会儿在左，一会儿在右，它一点都不在意。它就是要帮忙帮到底，而且是默默无闻的。这种帮手真罕见，让别人用车推着自己，还要得一份儿酬劳！这时，前方到了一个大斜坡，它只好帮一把手了。行到陡坡上时，它当上了排头兵，只见它用自己那带齿的双臂猛拽住沉重的大粪球，而其同伴，那个拥有者则在下方拼命抵住，一点点地往上顶着。我看见这两个合伙者，就这样一个在上方拽着，一个在下方顶着，合作非常默契地往坡上爬着，如果没两人的鼎力合作，光靠一个人是怎么也无法把粪球推上去的。但是，并非所有的人在这一艰苦时刻都会表现出一样的热情。有一些圣甲虫在攀爬斜坡这种必须通力配合才行的时刻，好像压根儿不觉得有困难要克服似的。在这浑身晦气的西齐弗斯努力着试图越过障碍时，那另外一位却占据高位，一副坐享其成的样子，与粪球一起滚上滚下。

我们假设那只圣甲虫非常幸运，找到了一个牢靠的合伙者，或者更好一些，设定它在途中没有碰上不期而至的同类。那么，一切妥当，可以进行下一步了。地窖已挖好，是一个在比较松软土地上挖的洞，一般是在沙地上挖，洞不深，有拳头般大小，有一条细道与外界通连，细道大小正好够让粪球进入。食物一入地窖，圣甲虫便躲在家里，用藏于角落里的杂物把地窖入口堵住。大门一关，外面根本看不出下面存在一个宴会厅。大功告成，它十分高兴，宴会厅里全都登峰造极！餐桌上摆满了奢华食物；天花板遮挡住当空烈日，只让一丝温润潮湿的热气透进来；心平气静，四周幽暗；外面的蟋蟀阵阵合唱声，这所有的东西都有助于肠胃功能的发挥。我神思缥缈，突然觉得自己俯身于地窖门口，只觉得耳边隐约传来海洋女神该拉忒亚歌剧中的那段著名唱段："啊！周围的一切都在忙忙碌碌时，无所事事是多么美妙。"

「名师点拨」此处运用了联想的修辞手法。作者通过圣甲虫搬运食物的壮观场面，联想到圣甲虫将食物搬进地窖的欢乐场面，可以说是把人的情感赋予到了圣甲虫的身上。

有谁如此胆大要去惊扰这位正在宴席上静静享受的家伙呢？可是，这强烈的好奇心可以促使人们去做一切的事情，而这种胆量，我就有过。我在这里将此次自己私闯民宅的情形描述下来。我看见仅仅一个粪球就已经差不多把整个宴会厅占满了——这奢华的食物下抵地板上顶天花板。一条狭窄的通道把粪球与墙体隔开。食者就在通道上用餐，最多是两位，常常是独自一人，肚子贴在餐桌上，背顶着墙壁。座位一旦选好，就不再移动了，接着就张开嘴大吃起来，其间不会发生一点小吵嘴，因为那样子便会少吃一口；也不会挑三拣四，不然就会浪费食物。一切都得按先

「专家解疑」吵嘴：争吵。

挑三拣四：指挑选对自己有利的（含贬义）。

后次序，一丝不苟地穿肠过肚。看到它们这样虔诚尽心地围着粪球在吃，你会以为它们意识到自己在进行大地净化的工作，它们知道自己为之努力的是那种以粪肥培育鲜花的精细化学工程，鲜花让人赏心悦目，圣甲虫的鞘翅能装饰春意盎然的草坪。尽管这马牛羊的消化系统已经相当完善，但是它们的排泄物中依然残留着没有被消化的一些物质，而圣甲虫则把它们留下的那些残留物质加以利用，为此，圣甲虫就必须拥有一套装备齐全的工具。果不其然，通过解剖我惊叹地发现其肠道非常长，绕来绕去，使得吃进去的食物能够慢慢地被吸收，直到最后一个能被利用的颗粒被消化干净为止。因此，那些食草动物没有消化吸收干净的物质，通过食粪虫类昆虫的高效蒸馏器这么一提取，便能够获得一些财富，并且这些财富稍稍加工处理，便可以变成圣甲虫墨黑的铠甲和别的食粪虫类昆虫的金黄色的以及赤红色的胸甲。

「好词好句」
赏心悦目
春意盎然
*果不其然，通过解剖我惊叹地发现其肠道非常长，绕来绕去，使得吃进去的食物能够慢慢地被吸收，直到最后一个能被利用的颗粒被消化干净为止。

但是，环境卫生限制了这种令人赞叹不已的垃圾处理工作要在最短的时间内做完，但是圣甲虫就具有这种或许其他昆虫所未具备的非常强大的消化能力。一旦食物进入地窖里面，圣甲虫就会不分昼夜地吃着，直至把食物消灭干净为止。在你有了一定的实践经验后，将圣甲虫关在笼子里养是非常容易的。我便是采取了这种方式获得了这些资料，这对了解著名的圣甲虫的高效消化功能非常有益。

「名师点拨」
这里作者介绍了自己获取圣甲虫消化秘密的观察方法，即将圣甲虫抓来关进笼子，从这里可以看出，作者做研究工作时的认真态度。

整个粪球就如此这般一点一点地依次通过消化道，紧接着，圣甲虫隐士就再次爬出地面，寻找机会，找到以后，便重新做粪球，一切便又重新展开了。

有一日，天气干燥无风，这种氛围尤其适宜我喂养的圣甲虫们大快朵颐。于是，我揣着表，守候在一个露天进餐者的面前仔细观看，从早上八点一直延续到晚上八点。这只圣甲虫仿佛遇上了一块非常合胃口的食物，整整十二个小时的时间，它从没停止过咀嚼，一直停留在餐桌前的同一个地点纹丝不动地吃起来没完。晚上八点钟的时候，我最后一次看它，只见它的胃口毫未消减，那样子就像刚开始吃时一样起劲儿。

「名师点拨」从这段话我们不难发现作者对圣甲虫的习性已经到了十分了解的地步，而他观察的时间之长也说明了他的耐心和研究的不易。

这次宴会还会持续下去，直至圣甲虫将全部的食物彻底消灭才会宣告结束。到次日的时候，那只圣甲虫的确不在那儿了，昨天没有嚼完的那块食物现在仅仅剩下点渣末了。

整整一个小时过去了，这么长的一幕就仅仅是进食，囫囵吞枣，精彩万分，只不过，那消化的一幕则更加妙不可言。圣甲虫是前面在不停地吃，而这后面则一直往外排泄，这些排泄物已经没有养分了，组成一条黑色细线，就如同鞋匠的细蜡绳。其边吃边排泄，足见其消化之神速。初始咀嚼，它那拔丝机就会运作开来，直至最后几口吃完之后，这机器即可停止运转。那根细蜡绳从头到尾没有发觉有断头，一直挂在排泄口上，下端的就已盘成一堆，只要是没有干透，就可以轻易展开来成为一条细长绳。

「专家解疑」囫(hú)囵(lún)吞枣：把枣儿整个儿吞下去，比喻读书等不加分析地笼统接受。

这排泄的整个经过就好像秒表那样精确。大约一分钟的间

隔，要更加准确地说是四十五秒，即会有一小段排泄物出来，细绳则增多三四毫米。一旦细绳长到一定程度，我便把它截断，放在刻度尺上量量它的长度。测量得出的结果是，十二小时的总长为 2.88 米。夜晚八点时，我在提灯下做完了最后一次察看，而后，这圣甲虫还会继续吃夜宵，因此这进食和制绳的活计还会再干一段时间，所以圣甲虫拉成的那根没有断头的细长绳总长约为 3 米。

*知道了绳长和直径，排泄物的体积就可以轻易测算出来。*然而要量出圣甲虫的确切体积，同样也很容易，仅需将它放进有水的量筒，看一下水位线就可以了。这些取得的数字并非毫无意义：通过分析这些数据，我们明白圣甲虫竟然能够经过一次持续十二个钟头的进餐后就吃掉了与自身体积相差不多的食物。胃是多么的好呀，而且消化又是这样强，消化速度又如此的快！刚开始咀嚼，排泄物就马上被消化成细绳状，始终拉长，直至进餐结束。在这台也许从不失业的蒸馏器里（除非加工的原材料匮乏），只要原料已进入，立刻由胃囊开始加工，吸收干净，而后排出。这使我禁不住有这样的联想，把一座可以如此高效处理垃圾的实验室用在净化环境方面，是能够发挥不小的功能的。

「智慧引路」要想知道排泄物的体积，必须知道绳长和直径。同理，要想得出什么结论，就必须具备一定的条件，做实验是这样，生活中遇到问题也是这样。

「专家解疑」匮乏：（物资）缺乏；贫乏。

■名家品评

本文重点介绍了圣甲虫在收集食物时的行为。圣甲虫是一种收集腐食、粪便的昆虫，也是大自然分解者中的一员。作者通过对圣甲虫在收集食物时细致入微的描写，让我们看到了一个有着不屈不挠精神的可爱的小昆虫。由此也教育我们，当面对困难的挑战时，要有不怕吃苦的精神、要有百折不挠的斗志，在失败时要有坚强的决心、要有从头再来的勇气。

阅读思考

1. 作者如何理解母爱？

2. 作者怎样看待圣甲虫之间的相互合作？

3. 圣甲虫如何排泄？

圣甲虫的造型术

圣甲虫犹如技术精湛的雕塑家一样，制作出了精美的梨形粪球。那么，这种梨形粪球究竟是怎样制作而成的呢？作者又是如何发现这其中的奥秘的呢？圣甲虫还有其他秘密吗？想要知道这些，就赶快跟随作者进入文章看一看吧。

圣甲虫是怎样制造成那有着慈爱的梨形粪球的？首先可以确定的是，这肯定不是在地上通过滚动制作而成的，因为它的形状不管从哪一方面看都是不能滚动的。就算那梨形葫芦的肚子能滚动的话，但是那个椭圆形凸出来的梨颈里面竟是个孵化室呀！这个精巧的作品也绝不是猛烈撞击的结果。它仿佛首饰匠的首饰一样，是不允许被铁匠放在铁砧上锤打出来的。我赞同其他的一些已经提到的十分明显的缘由，然而愿梨形粪球的形状能把我们从那认为卵是放在一个摇来晃去的粪球里的陈旧观点中摆脱出来。

「名师点拨」作者在本章一开始就采用了设问的修辞手法。先提出问题引发读者思考，然后顺理成章地引出对下文的讨论，十分巧妙。

圣甲虫这个雕塑家与专业的雕塑家们一样，为了自己的杰作

「专家解疑」
全心全意：用全部的精力。
跋涉：爬山蹚水，形容旅途艰苦。

而闭门潜心劳作。它藏于自己的洞穴中，全心全意地加工被它运入洞里的粪料。在处理粪料的方法上有两种情况：一种是在粪堆里依据我们已知的那种办法选择优质食料，随即揉制成小球，搓成圆形以后再滚动它。如果仅仅是为了解决自己的口粮问题，它肯定就这样做了。倘若它认为粪球体积太大，又不适合就地挖洞，它就会滚动着这个大家伙上路。它没有目的地走着，直至找到一个合适的地点为止。途中，粪球不会因滚动而变圆，但表层会慢慢变硬，沾上一些泥土以及细沙砾。

这层沾上土和沙的表层确切地记录着其跋涉路途的远近。这一点非常重要，我们待会儿可以用得上。

「好词好句」
聚集
零零星星
*羊的松软蛋糕被聚集起来，依照原样存储，放入车间，需要的时候便切成小块加工。
*这种没有必要事先揉成粪球再运输储存的方法不管是在野地里还是在我的笼子里，其最终结果都非常令人震惊。

另一种情况是，在它从中选取粪料的粪堆周围就很适合挖洞。那地方没有石头，极易挖洞。这样就用不着长途跋涉，也就无须转动粪球了。羊的松软蛋糕被聚集起来，依照原样存储，放入车间，需要的时候便切成小块加工。这种情况一般并不多见，由于地面粗糙，有很多石头，很容易就可以挖洞的地方零零星星，圣甲虫必须得身负重荷四处找寻。但是，那笼子里铺的一层土是过了筛子的，挖洞就十分容易，每一处都能挖洞建巢，所以，圣甲虫妈妈为产卵去劳作时，不需要先把粪块弄成个什么固定的形状，只需把附近的粪块弄到地下去就行了。

这种没有必要事先揉成粪球再运输储存的方法不管是在野地里还是在我的笼子里，其最终结果都非常令人震惊。前一天，我

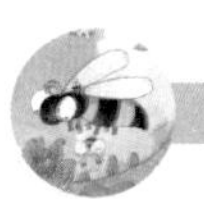

看到一块不成形的粪料消失在地下，第二天或许第三天，我查看了其车间，发觉艺术家正面对自己的杰作哩。当初的没有形状的被一块块拖进洞里的粪块，已经成了形状完美、不可挑剔的梨形粪球了。

「名师点拨」作者采用拟人的修辞手法，将圣甲虫说成是艺术家，显示了作者对它们造出梨形粪球的佩服之情。

这件艺术品身上留着其艺术家的印记。立在洞底地上的那一部分沾着一点泥土，其他的部分都非常光滑明亮。在圣甲虫制造梨形粪球的时候，由于粪球自己的重量和圣甲虫的微微拍打，依旧十分松软的梨形粪球接触地面的那一面仅沾上了点泥土，而其余的大部分面积则保持了圣甲虫精心加工所赋予它的精巧完美。

这些仔细观察到的细节的结论是很明显的：梨形粪球绝不是旋转制作变成的，它不是圣甲虫在宽敞车间的地上经过滚动得到的，倘若这个推测是真的话它应该浑身沾满泥土才对。此外，它那凸起的颈部也排除了此种制作方法的可能性。它甚至从没有从一头翻转到另一头，它的朝上一面没有沾一点儿泥土，这即是有力的证据。

「名师点拨」作者先提出结论，再根据事实给出有力证据证明自己的结论，十分严谨，值得我们在写说明文时借鉴。

圣甲虫既没有移动也没有翻转，就在其所处的地方对梨形粪球进行了加工制作。它使其宽臂轻轻地拍打梨形粪球，就如同我们在露天地里看见它制作时的那样。

「专家解疑」露天：①指房屋外面。②属性词。上面没有遮盖物的。

现在我们回过头来讲讲田野里的通常情况。此时，粪球是从远方运来拖进洞穴中的，整个表面全沾满了泥土。圣甲虫将怎样处置这只粪球？粪球上已经突显出未来梨形粪球的肚子来了。假

如我只注重寻求答案而不思考曾经使用过的方法的话，这答案就很容易得到了：只要在洞中连同其小粪球一起抓住圣甲虫妈妈，把它和小粪球全都弄到我的实验室里仔细观察，研究进展情况就可以了，而这种事我干过许多次。

「智慧引路」作者努力追求方法而不是只注重答案，这种学习和研究的精神是值得我们每个人学习的。小朋友们在学习中也要学习作者这种精神，要知道，努力掌握解题方法比只寻求答案更加实用。

我用一只短颈大口瓶装满筛过的湿润的土，并把土夯实到需要的程度。然后，我把圣甲虫妈妈及其紧搂住的宝贝粪球放在我制造的土层表面。我把大口瓶放在半明半暗的地方之后，等待着。我的耐心并未经受太久的考验。圣甲虫因卵巢的活计所迫，又重新开始了被我打断了的工作。

在某些情况下，我看见圣甲虫一直待在地面上，把粪球打碎敲破，弄得粪渣满地皆是。这根本不是因为圣甲虫被捉住成了俘虏，恍惚之中把宝贝粪球给毁坏掉。它那是明智的合乎卫生的举动。有必要对在一些疯狂的争抢者中间匆忙弄到的粪球进行仔细的检查，因为在强盗们中间，就在收获地点进行翻检并不总是很合适的。粪球有可能裹进一些小蜣螂、蜉金龟什么的，因为忙着拼抢而顾不上仔细挑拣。这些无意间闯入其间的入侵者非常自在地待在粪球里，将来会与合法的消费者争食未来的梨形粪球的。必须把这帮馋虫从粪球中清除出去。因此，圣甲虫妈妈便把粪球打碎，变成碎屑，仔细搜查。然后，再重新把粪渣聚拢，粪球又做好了，这时表面已无泥土了。于是圣甲虫把它拖入地下，它被加工制作成为除支撑的那一面外无泥土的梨形粪球。

「专家解疑」
俘虏：①打仗时捉住敌人。②打仗时捉住的敌人。
馋虫：①指嘴馋贪吃的人(含讥讽意)。②指强烈的食欲。
聚拢：聚集。

但更常见的是，粪球被圣甲虫妈妈原封不动地埋入地下，如同我从洞中把它挖出来时那样，外层很粗糙，这是因为圣甲虫妈妈把它从收集点一路滚动，直至理想的加工点所造成的。在这种情况下，我在大口瓶底看见的是已成为梨形的粪球，外壳很粗糙，表面嵌满了沿途沾上的泥土和沙子，由此可见梨形粪球并不要求从里到外进行全面的加工改造，而是通过简单的按压，拉出梨颈就可以了。

在绝大多数情况之下，事情是按正常顺序发展的。我在田野里挖出来的梨形粪球几乎全都有一层硬痂，有不同程度的粗糙面。如果没有发现这硬痂是因长途运输所造成的，那便会以为这沾满土和沙的外壳是圣甲虫在地下制作时滚动粪球所致。彻底地纠正了这一错误的是：我所看到的那几个罕见的光滑粪球，特别是我的笼子里挖出的那几个极其干净光洁的粪球。

这几个梨形粪球告诉我们，用就近收集的并未成形便储存起来的粪料加工成梨形粪球必须彻底地塑造，而且根本就不是用滚动加工的方法。这几个梨形粪球还告诉我们，那些表层粗糙的梨形粪球是在地面进行了长途跋涉所致。

亲眼观看梨形粪球的加工制作并不是一件轻而易举的事：那个在黑暗中干活儿的艺术家稍被光线照到，就坚决罢工停手。它需要漆黑一片才能进行雕塑，我则必须有光亮才能看到它。这两个条件不可能同时得到满足。不过，我们不妨试一试，断断续续

「名师点拨」因为粪球表面的硬痂，作者差一点就误以为这沾满土与沙的外表是圣甲虫在地下制作时滚动所致，但最终作者认识到了错误，并及时纠正了过来。由此可以看出作者研究时的细心和谨慎。

「专家解疑」塑造：①用泥土等可塑材料制成人物形象。②用语言文字或其他艺术手段表现人物形象。③通过培养、改造使人或事物达到某种预定的目标。

轻而易举：形容事情很容易做。

地抓住那不能完全展露的真情实况。我采用了下面这个办法。

我还是用了先前的那个短颈大口瓶。我在瓶底铺了一层几指厚的土。为了弄一个我所必需的四壁透明的车间，我在土层上支起一个三脚架，有一分米高，我在其上放置一个与大口瓶瓶口直径相同的枞木盖板。这样装置好的玻璃壁板房就是圣甲虫干活儿的宽敞的地下室。枞木板边缘被切开一个小口，刚够圣甲虫及其粪球通过的。最后，在枞木盖板上堆上一层尽可能厚的土。

在堆土时，有一部分盖板上的土会滑落，从所开缺口处漏到房间里去，形成一个宽宽的斜坡。这是我计划好的。当圣甲虫发现连接口之后便借助这一斜坡，下到我为之准备好的透明屋中去。当然，这个透明屋必须全黑之后它才会去的。因此，我便用硬纸板做了一个上面封住口的套，把短颈大口瓶给罩上。这样一来，那间房间就全黑了，符合了圣甲虫的要求。我只要猛地拿起套来，我所要的光亮也就有了。

万事俱备，我便开始寻找带着自己的粪球宝宝刚退隐进天然洞穴中的圣甲虫妈妈。就像我所希望的那样，一个上午就全安排妥当了。我把那位圣甲虫妈妈及其粪球宝宝放在上层土的表面上，并在大口瓶上罩上了纸套，然后便耐心地等待着。只要卵没安置好，圣甲虫妈妈便会执着地完成自己的工作，它将会为自己挖一个新的洞穴，并随时一点一点地把粪球往洞坑中拖；它将会穿过上面的那层不太厚的土；它将碰到枞木板盖的阻碍，这是与它多

「专家解疑」

三脚架：安放照相机测量仪等用的有三个支柱的架子。

妥当：稳妥适当。

「好词好句」

万事俱备

退隐

* 在堆土时，有一部分盖板上的土会滑落，从所开缺口处漏到房间里去，形成一个宽宽的斜坡。

* 我把那位圣甲虫妈妈及其粪球宝宝放在上层土的表面上，并在大口瓶上罩上了纸套，然后便耐心地等待着。

次在露天地里挖洞时遇到的阻挡去路的碎石一样的障碍；它将会探寻受阻的原因，并发现那个缺口，于是它便从这个小门下到下面的小屋，小屋对它来说很宽敞，可以自由爬动，如同我刚才让它搬家前它所住的地下室一样。

我就是这么推断的。但这一切都将需要时间去验证，而我觉得为了满足我那急不可待的好奇心，最好一直等到第二天。到时候再去看看了。头一天我把

实验室的门敞开着，因为门锁的一点点响动就会惊动我的那个疑心很重的劳作者，它会马上停下手中的活儿。为了减小动静，我进实验室前换上了一双软底拖鞋。我猛地一下掀去纸套。太好了！我的推断一点没错儿。圣甲虫正待在玻璃车间里，我看见它正在忙活着，宽爪正放在梨形粪球的雏形上。但这突然的一亮把它惊得僵在那里一动不动。这种情况延续了几秒钟的工夫。然后，它转过身去，笨拙地往回爬上斜坡，想进到地道的黑暗的高处。我看了一眼它干的活儿，记下了其作品的形状、姿态、方位，然后又把纸套给套上，让里面全黑下来。如果想再做这种实验，就不能让这种突然袭击持续得太久。

「名师点拨」这里作者使用了一些非常生动形象的词汇，如“猛地”“惊得”“僵”。这些词语使作者的描述更加惟妙惟肖，我们在写作时可以加以借鉴。

我突然而短暂的窥探，发现了这项神秘工程的初步信息。

粪球一开始完全呈圆球形，而现在出现一个大鼓包，像个不太深的火山口。这件活计使我联想起某些史前时期的瓦罐——但这件活计的比例要小很多——肚子是圆形的，边口敦实，颈部有一圈小槽围着，此梨形粪球的雏形显现了圣甲虫的制作工艺，这工艺和不懂得陶车技术的第四纪人类的工艺一模一样。

挖出的一圈沟槽将这可塑的粪球一边勾勒出一圈，那即是梨形粪球的颈端。这只粪球雏形还被拉长出来一个圆钝的凸起部分，这凸起部分的中心部位被压过，粪料被挤压到边上去了，由此形成一个边缘不正规的火山口。到此，活计便已初步完成了。

「专家解疑」
敦实：粗短而结实。
勾勒：①用线条画出轮廓；双钩。②用简单的笔墨描写事物的大致情况。

傍晚时，我又无声无息地再次突然造访。清晨被惊扰的圣甲虫妈妈已经回到了常态，返回自己的车间。现在又忽然一片光明，它再一次被吓到，急忙逃窜，跑到上面去躲藏起来。被我使用亮光三番两次地摆布的可怜的圣甲虫妈妈虽然躲在上面，但却是满腹遗憾，很不愿意罢休。

「专家解疑」
逃窜：逃跑流窜。
摆布：①安排；布置。②操纵；支配（别人行动）。
罢休：停止做某件事情（多用于否定式）。

它的活计有些进展：火山口更深了，厚实的边口不见了，变得更细、更薄，收起来，伸长即是梨颈。然而，粪球却没挪动过。其姿态、方位全部是我原来所记下的模样。接地的那一端依旧在下面，仍旧在同一个点上；朝上的一面还是朝上；已变成了梨颈的火山口仍然在我的右边。由此可见，我原先的推测是完全正确的：粪球并无滚动，只是受到挤压，然后揉制加工。

第二日，我实施了第三次探访。昨天还是半开着的袋状梨颈现在已经合上了。卵产下来了，工程业已完成，仅需再进行一番全面磨光、修饰就行了。我惊扰它的时候，圣甲虫妈妈估计正在做这种磨光、修饰作业，因为其是非常追求粪球的几何形完美的。

「好词好句」
探访
修饰
*我惊扰它的时候，圣甲虫妈妈估计正在做这种磨光、修饰作业，因为其是非常追求粪球的几何形完美的。

我错失了工程中最繁杂困难的部分，我大概看清楚了卵的孵化室是如何建成的：围绕着初始阶段的火山口的凸出物通过爪子的按压后变得更小、更薄了，而后伸长成在开口处逐渐缩小的口袋。到此为止的活计还是可以提供满意的解答的。然而，当我想到圣甲虫的那些僵硬的工具时，那令人联想到木偶动作的宽大锯齿状铠甲的生硬笨拙的动作时，至于卵将在其中孵化的那间小屋如何建得如此完美，我就不容易解释了。

圣甲虫是如何使用这种挖矿石倒挺合适的粗糙工具建成那育婴室、那内部十分光洁的产卵房的？那锯齿很大，就像开石用的锯子的爪子，在从那口袋的狭小口子伸进去时，是不是变得与刷子一样柔软了？为什么不可能呀？我们早就说过这种情况了，而圣甲虫的状况却又证明了这一点：工具在能工巧匠的手里什么都能做。圣甲虫使用自己所配备的随便任何工具都能发挥其专家的才能。它宛如富兰克林所讲的那种模范工人，可以把刨子当锯子，可以把锯子当刨子，怎样使唤都可以。圣甲虫就使用它刨土的那把大锯齿耙做抹刀和刷子用，将幼虫即将要诞生的小屋抹得光滑。

「哲理名言」工具在能工巧匠的手里什么都能做。

「专家解疑」抹刀：瓦工用来抹灰泥的器具。

最后，还有一个细节是关于这个孵化室的。在梨颈的顶部，有一个地方总是显得和别的不一样：有几根纤维立在那儿，可梨颈的其他地方全部细心地加以抹光滑了。那边是塞子，圣甲虫妈妈一产完卵就会用这个塞子把那狭小的开口堵上。然而这个塞子结构松散，证明没有被拍打挤压过，而其他地方全都认真地拍压过了，没有一点突出的纤维。

为何圣甲虫在别的地方都用爪子拍压实了却只有顶端留出个例外呢？因为圣甲虫卵使其后端靠在这个塞子上，倘若它受到挤压，被推向后方，这个塞子就会把这种压力传输给胚胎，令胚胎有死去的危险。圣甲虫妈妈知道这一危险，就用一个没有拍压过

「名师点拨」作者在这提出问题，是为了吸引读者的注意力，继续看下去。

的塞子封住口子，如此这样孵化室内有足够的空气流通，而虫卵也因此免于受到挤拍所引起的震荡的危害。

■名家品评

此篇文章作者揭开了圣甲虫制作梨形粪球的奥秘。从中也可以看出，圣甲虫不仅是出众的雕塑家，而且还是具有一定水准的艺术家。作者通过亲自观察，一步步看清了梨形粪球的雕塑过程，以及孵化室的建造秘密，表达出了作者对圣甲虫高超造型术的钦佩和赞许。

阅读思考

1. 作者认定梨形粪球不是旋转制成的证据是什么？

2. 梨形粪球是怎样制成的？

3. 圣甲虫卵的孵化室是如何建成的？

圣甲虫的梨形粪球

我们已经知道了圣甲虫制作梨形粪球的奥秘。那么，这些梨形粪球是做什么用的呢？是圣甲虫的食物，还是圣甲虫宝宝的食物呢？宝宝们的孵化室又是怎么一回事呢？走进文章，找到答案吧。

一个年纪还轻的牧羊人抽时间帮我观察圣甲虫的活动状况。六月下旬的一个周末，他兴致勃勃地跑来对我说，他觉得此时是研究圣甲虫的最佳时机，说他忽然看到圣甲虫从地下爬出来，他就在它爬出来的地方寻找，在不怎么深的位置就发现了一个奇怪的东西，就带给了我。

「专家解疑」
时机：具有时间性的客观条件（多指有利的）。
稀奇：稀少新奇。

我原先认为了解了的那点情况被这稀奇古怪的东西完全推翻了。从形状上看来，它就如同一个小小的梨子，或许熟过了头，色泽不再新鲜了，褪变成了紫褐色。这个稀奇古怪的玩意儿，这个好像在车间弄出来的好看的玩具，会是什么东西呢？是人工创造出来的？是一个假梨子制品让孩子玩的？我确实是这样认为的。

孩子们围过来，眼睛一眨不眨地看着这个漂亮物体，都想要拿走放入自己的玩具盒里。这物体形状比玛瑙弹子还漂亮，比象牙球和杨木陀螺更招人喜欢。

事实上这玩意儿的材质并没有显得上乘，却摸着很硬实，并带有非常艺术性的曲线。这无关紧要，反正在深入观察它之前，我是不会将这个从地下找到的小梨让孩子们做玩具的。它真的是圣甲虫的作品吗？其里面会有一个卵、一条幼虫？牧羊青年肯定地告诉我说有。他讲他在挖的时候不小心将一只相同的小梨给弄碎了，里面仅有一只白色的卵，宛如一个麦粒大小。因为他给我拿来的小梨与我所期望的粪球相差甚远，因此我不太相信他说的。

「专家解疑」
上乘：①一般借指文学艺术的高妙境界或上品。②事物质量好或水平高。
砍伐：用锯、斧等把树木的枝干弄下来或把树木弄倒。

剖开这个令人生疑的东西，查看它里面有什么东西，这大概是唐突的：纵使像牧羊青年认定的那样里面果真有虫卵，我这样把它剖开或许会影响里面胚胎的存活。再说了，我在思考，梨形与全部已知的情况是不符的，很可能是偶然酿成的。谁知道日后会不会再碰到偶然的情况给我提供相同的东西呢？最好保持原来的模样，静观事情的发展，特别应该去现场看个究竟。

「名师点拨」
作者在这里因为顾及到也许存在胚胎的情况，所以没有贸然地剖开这个东西。由此可以看出作者具有严谨的求知态度。

第二日天刚亮，我就爬上山坡见到了年轻的牧羊人在放羊。山坡上的树木最近被砍伐光了，夏季的毒太阳晒得人后脖子疼，好在还需要两三个小时之后太阳才晒得到我们。清早，凉风习习，羊群在牧羊犬的看管下安静地在吃草，因此我和牧羊青年便一起寻找起来。

不久就找到了一个圣甲虫的洞穴，上端新堆成一个鼹鼠丘，一眼就能认出来。我的同伴使劲挖起来。我将我的小铲子给他用，我那把小铲子不但轻巧而且结实，我每次外出都会带上它，因为我看到土就想挖挖，怎么也改不了。我躺在地上，眼睛一眨不眨，以便仔细查看被挖开的洞穴内侧的安排布置。牧羊青年一边使用小铲子挖着，一边用没拿铲子的手弄掉浮土。

「专家解疑」轻巧：①重量小而灵巧。②轻松灵巧。

我们完成了：一个洞穴被打开了，只见那潮湿的半张开的地洞里一只完美的梨形粪球放在那儿。是啊，说真的，第一次见到圣甲虫妈妈的作品时的深刻印象，永远也无法忘却。纵使我是挖掘古埃及的圣骨的考古学专家，在我挖到某个法老的地下墓穴中的雕琢成绿宝石的圣虫，也不如这次激动。啊！忽然金光四射真理发现的快乐呀，什么快乐能与你相比呀！牧羊青年也异常兴奋，他看见我笑自己也笑，他看到我幸福欢快自己也喜形于色。

「名师点拨」考古学家挖出法老墓里的绿宝石是一件多么令人印象深刻的事啊，但作者却说还比不上自己发现圣甲虫妈妈作品时的震撼，这里其实是使用对比，强调圣甲虫妈妈作品的完美。

一句古老的名言这样告诉我们：偶然的事不会再现，一件事不会一样地重复再现。我这已是第二次看到这种奇怪的梨形粪球了。这种形状是一般的，也不是例外？圣甲虫在地上滚动的那个形似这种球体的球体是不是并不存在？我们继续挖下去，再看看究竟是怎么回事。我们又找到了第二个洞穴。同第一个一样，里面也有一只梨形粪球。这两个玩意儿一模一样，简直像是一个模子里刻出来的。有一个细节颇有价值：在第二个洞里，在梨形粪球旁边，圣甲虫妈妈怜爱地紧搂着梨形粪球，想必是一心一意地

「哲理名言」偶然的事不会再现，一件事不会一样地重复再现。

在对它进行最后的加工，然后自己就永远地离开这个洞穴。一切疑惑都被驱散了：我知道了这个雕塑工，了解了它的杰作。

在上午剩下的时间里，我便对已知的情况进行了详细的求证：在太阳把我晒得受不了只好离开挖掘现场之前，我已拥有一打形状相同大小几乎一样的梨形粪球。有许多次我都发现有圣甲虫妈妈在洞穴深处的车间里。最后，先提一下后来我所了解到的情况。在六月末到九月份的整个大热天里，我几乎每天都到圣甲虫经常出没的地方去探查，我用小铲子挖开一个个洞

「专家解疑」
求证：寻找证据或求得证实。
探查：深入检查；查看。

穴，获得了一些超乎我所能期盼得到的资料。我从笼子里的饲养中又获得了另一些资料，这些资料真的也很宝贵，但却无法与在田野里的自由空间中所获得的资料相比拟。不管怎么说，我挖掘过少说也不下一百来个洞穴，而且次次都能见到那种梨形粪球，但却从来没有见到过圆圆的粪球，一次也没见到过书本上告诉我们的那种浑圆形状的粪球。

这个错误我以前也犯过，因为我非常相信大师们的金口玉言。以前，我在安格尔高原的研究没有任何结果，我在实验室进行饲养也可悲地以失败而告终，但我又一心想给青年读者们一个圣甲虫如何筑巢做窝的看法，所以就接受了传统的浑圆的粪球的荒谬说法，而且还用别的食粪虫的一点情况进行推理，试着勾勒圣甲虫卵的外形，导致了不可饶恕的错误出现。

现在，我们来详述一下以我亲眼所见为依据的真实的故事。圣甲虫的地下窝巢在地面上一看便知，因为洞外有一堆浮土，似一个鼹鼠丘，是圣甲虫妈妈把洞中挖出的土推到洞外堆积而成的，以便留出一个洞来。这个鼹鼠丘下开着一个大约一分米的不太深的洞，有一条或直或曲的水平通道从洞底通到可能有拳头般大小的宽敞大厅。这就是地下室，虫卵被食物包裹着，在离地面几寸的地下，由酷热的太阳烘烤慢慢孵化。这也是圣甲虫妈妈的宽敞的车间，未来的宝宝的面包被它灵活自如地揉制、加工成为梨形。

「好词好句」
超乎
期盼
*我从笼子里的饲养中又获得了另一些资料，这些资料真的也很宝贵，但却无法与在田野里的自由空间中所获得的资料相比拟。
*这个错误我以前也犯过，因为我非常相信大师们的金口玉言。

「专家解疑」
水平：①属性词。跟水平面平行的。②在生产、生活、政治、思想、文化、艺术、技术、业务方面所达到的高度。

自如：①活动或操作不受阻碍。②不拘束；不变常态。

这个粪球面包是按长轴线的水平方向躺倒的。其形状以及大小让人想到圣让节时期的小梨子，色泽鲜艳，香气扑鼻，提前成熟，让孩子们爱不释手。梨形粪球的大小基本都差不太多。最大个儿的长四十五毫米，宽三十五毫米；最小个儿的长三十五毫米，宽二十八毫米。

「名师点拨」此处具体介绍了粪球面包的情况，从形状、色泽、气味和大小，介绍得十分精细，由此可以看出作者对粪球面包研究的认真程度。

梨形粪球的表面虽不像仿大理石那么光滑，但却非常规则匀称，经过很小的红土颗粒仔细打磨过的。它原是十分松软的，宛如可塑性黏土，因为是刚做好的，但很快便因风干的缘故，外层结起一层硬皮，用手指捏都捏不碎，比木头都硬。这层硬皮是一个保护层，使得隐于其中者避免与外界接触，可以极其安静地消受自己的食物。但是，如果连中间也都风干了，那么处境就相当危险了。我们以后会有机会来谈被迫面对太硬面包的幼虫的可怜处境的。

「专家解疑」风干：放在阴凉的地方，让风吹干。

消受：①享受；受用（多用于否定式）。②忍受；禁受。

*圣甲虫面包铺加工的是什么样的面团呢？马牛骡是它的供货者吗？绝对不是。但是我以前却是这么认为的，而且每个看见它在一大堆普通牛粪中拼命收集、为己所用的人，也都会这么以为的。*它通常就在那儿揉制粪球，然后弄到沙土地下的某个隐蔽处去消受一番。

「智慧引路」作者敢于提出疑问和承认错误的态度是值得我们学习的，我们在生活中遇到不懂的问题时也要这样，切不可人云亦云或怕纠正自己的错误。

如果那种沾满草梗的粗糙面包只是为了自己吃的话，那没有什么问题，但如果是给它们的小宝宝们准备的，那就不行了。它必须去进行精加工，使之营养丰富且易于消化。它需要

「专家解疑」
干瘪：①干而收缩，不丰满。②（文辞等）内容贫乏，枯燥无味。
尤物：指优异的人或物品（多指美女）。

的是绵羊留下的美味，而不是干瘪的牛拉下的一地黑橄榄。绵羊留下的美味是在其不太干的肠子中逐渐形成、加工制作的单层硬饼干。这才是圣甲虫所要的材料、专门用于加工的面团。那不是马的那种无脂肪的粗纤维材料，而是腻滑而有黏性的均匀的物质，饱含着富于营养的汁液。这种材料因其黏性和腻滑而极为适于加工成梨形艺术品，而且它又柔软可口，很符合新生儿的嫩弱的胃。幼虫将可以从这么一个小小的梨形体中获得充足的营养。

这就是梨形食品为何如此之小的原因所在。它那么小，以致使我在看到圣甲虫妈妈正在制作梨形粪球之前，一直怀疑这新玩意儿究竟是什么尤物。我一直都没能从这么小的梨形粪球中看出那是圣甲虫幼虫的食粮，因为圣甲虫既贪馋且个头儿也挺大。

「智慧引路」
很多时候，我们认为是理所当然的事情可能并不一定是正确的。这也就告诫我们，在分析一件事情时，一定不要凭借主观去认定，而是要通过实践去证明。

在这个拥有独特新颖形状的大面包团里，虫卵在哪里呢？大家自然而然地就会认为它在那圆圆的梨肚子的中心。这中心点是最安全的地方，不受外面的一切干扰，而且是恒温的。再者，新生幼虫无论从哪儿下口都能遇到厚厚的食物层，不会咬上几口就没有了。因为在它的周围全都是一样的，它也就用不着去挑选了。它随便把自己那嫩牙咬到哪儿，都会无忧无虑地继续津津有味地吃下去。

*这种看法似乎非常有道理，以致我也跟着上当了。*在我用小刀的刀锋一层一层地往梨肚子中心剥去，深信在中心点会找到虫

卵时，却大出我的意料，那儿根本就没有虫卵。梨肚子中心非但不是空的，反而严严实实。那儿也是一堆质地均匀的食物。

我的推断看上去似乎很合理，换了任何一位观察者也会与我持同样看法的，但是圣甲虫却有自己的主张。我们有我们的逻辑，而且还颇引以为豪，但圣甲虫也有自己的逻辑，而且在这一点上还远胜于我们。圣甲虫颇有远见，能预见将要发生的事情，所以便把卵产到别处去了。

到底产到哪儿去了呢？产到梨形粪球最细薄的部分，在最顶端的梨颈那儿。把梨颈纵向剖开，但须加倍小心，别弄坏了里面的东西。那儿挖有一洞，四壁光洁锃亮。这就是胚胎所在的圣龛，这就是孵化室。相对于圣甲虫妈妈的个头儿来说，虫卵算是挺大的了，它呈长椭圆形，白乎乎的，长约十毫米，宽有五毫米多。它同四壁之间有一层薄薄的间隔，与四壁都不紧贴，只是梨颈顶端的壁后，虫卵的头顶粘在上面而已。梨形粪球通常是水平躺放着的，除了头顶黏着的那一点以外，幼虫实际上是悬浮在空中，睡在这张最有弹性最热乎的空气床上。

现在，我们已清楚明白了。让我们来看看圣甲虫这么干的原因何在。让我们先来了解一下为什么是个梨形，这在昆虫的制作工艺中可是一种很奇特的形状。让我们来看看虫卵放在那么个奇怪的地方究竟有什么好处。我知道，探究事情的原委及来龙去脉是异常烦琐艰辛的。

「好词好句」

严严实实

引以为豪

*我的推断看上去似乎很合理，换了任何一位观察者也会与我持同样看法的，但是圣甲虫却有自己的主张。

*它同四壁之间有一层薄薄的间隔，与四壁都不紧贴，只是梨颈顶端的壁后，虫卵的头顶粘在上面而已。

「名师点拨」

此处运用的是设问的修辞手法。通过自问自答，引起读者阅读的兴趣。在结构上，设问可以使结构变得紧凑。

你可能会像是踏入流沙里去似的，因为那是个神秘的领域，变化多端，一不小心就会陷下去无法自拔的。难道就因为危险而不抛下这种探索吗？为什么要放弃呀？

我们的科学与我们手段之贫乏相比更显得其伟大辉煌，但是面对无穷的未知时又显得如此可悲。它对于绝对的真理都知道些什么？它一无所知。我们只有认识了世界之后才会对它产生兴趣。认识不了，一切都变得枯燥乏味，混沌虚无。一大堆事实并非科学，那只不过是一篇索然寡味的目录而已。必须解读这篇目录，用心灵之火去使之化解开来；必须发挥思想和理想之光的作用；必须诠释。

「哲理名言」我们只有认识了世界之后才会对它产生兴趣。认识不了，一切都变得枯燥乏味，混沌虚无。

让我们去攀登这个高峰，以解释圣甲虫的所作所为吧。也许我们可以把我们的逻辑运用到圣甲虫身上去。不管怎么说，看到理性对我们的支配与本能对动物的支配如此绝妙地一致，是非常有趣的。

「专家解疑」

绝妙：极美妙；极巧妙。

酷热：（天气）极热。

砖坯：没有经过烧制的砖的毛坯。

圣甲虫处于幼虫状态时有一个巨大的危险在威胁着它，那就是食物变干燥。幼虫生活期间的地下洞穴的天花板是一层约一分米厚的土层。这极薄的一层土又如何能挡得住能把土烤焦的大热天的酷热呢？那酷热都能把砖坯烧硬了。所以幼虫的居室内温度高极了，当我把手伸进去时，都感到有股热气在往外冒。

食物至少得存放三四个星期，所以很有可能在卵孵化之前变干，甚至变得无法为幼虫食用。当幼虫那嫩牙咬不着原本松软的面包而咬到硬如磐石的硬皮时，可怜的幼虫将会饿死，而且确实发生过因饥饿而死亡的事件。我就发现过有不少八月烈日的牺牲者，它们早已把松软的食物吃了一个大洞，后来因啃不动剩下的太硬的食物而死于吃出的那个大洞中。粪球剩下的是一个厚厚的壳，像一只没有口的球形锅子，可怜的幼虫在锅里被烤干瘪了。

在那个干硬得像石头似的厚壳中，幼虫就算变成了成虫一样也会被饿死的，因为它冲不破围城，逃不出来。关于幼虫的彻底解放我稍后还要论述，在此就不多加赘述了。我们来关心一下幼虫的悲惨遭遇吧。我们说了，食物变干燥对于幼虫来说是致命的。我们见到的在厚壳中干死的幼虫就能够证明这一点。下面要做的实验会更加明确地证实这一点。在七月份那筑巢做窝的季节里，我在一些硬纸盒或杉木盒里放了一打儿当天早上从产地挖到的梨形粪球。这些被密封起来的盒子被放在我实验室的暗处，那儿的气温与外面的气温一样。结果，没有一只盒子见到成果：要么是卵干瘪了，要么是幼虫孵化出来后很快就死去了。相反，在一些白铁盒或玻璃笼中的，情况却十分不错，全部存活。

这种差别原因何在？其实很简单，在七月份的高温天气里，硬纸板或杉木板隔热效果差，水分很快就蒸发掉，所以梨形粪球变干，幼虫便饿死了。而白铁盒或玻璃笼则相反，隔热效果好，水分不易蒸发，食物能保持松软，所以幼虫如同在出生地的洞穴中成长得一样好。

「专家解疑」

磐石：厚而大的石头。

围城：①包围城市。②被包围的城市。

「好词好句」

孵化

存活

*这种差别原因何在？其实很简单，在七月份的高温天气里，硬纸板或杉木板隔热效果差，水分很快就蒸发掉，所以梨形粪球变干，幼虫便饿死了。

圣甲虫避免食物干燥的方法有两种。首先，它用它那宽臂的铠甲使劲地压紧压实梨形粪球的外层，弄成一层比中心更均匀、更密实的保护性外皮。如果我把一个用这种方法制作的食品罐头捏碎，那层外皮通常会一下子脱落，露出中心的内核来，这让我联想到一只核桃的核儿和仁儿来。圣甲虫妈妈在按压时只涉及几毫米的表层，所以便出现了一个外壳。它并没往深处按压，这样中间的那个大内核也就分出来了。夏季最炎热的时候，为了让食物保鲜，家庭主妇会把面包放在密封的坛子里。而圣甲虫妈妈的做法有异曲同工之妙，它通过按压制成的外壳，来保护里面的孩子们的食粮。

「专家解疑」
脱落：①（附着的东西）掉下。②指文字遗漏。
异曲同工：不同的曲调演得同样好，比喻不同的人的辞章或言论同样精彩，或者不同的做法收到同样好的效果。

圣甲虫的所作所为远胜于此：它变成了能够解决最小值的难题几何学家。在其他所有的条件完全相同的情况下，蒸发显然与蒸发面的大小成正比。因此，为了减少水分的丧失，就必须让食物的面积尽量小；但又必须让这个最小的面积包含最大数量的营养物质，以便让幼虫吃饱、吃好。那么，什么样的形状才能达到面积最小而体积又能达到要求呢？按几何学的回答，那就是球形。

「名师点拨」
此处作者给予圣甲虫很高的评价，那么，作者为什么说圣甲虫犹如一个解决难题的几何学家呢？接着往下看，就能找到答案了。

圣甲虫于是便把幼虫的食粮加工成为球形，而梨颈暂时忽略一边。这种球形并非强加给圣甲虫一个必需的外形而盲目的机械条件下造成的结果，也不是在地上滚动而突然获得的成果。我们已经看见了，为了更方便、更快捷地把收集到的食物弄到别处去食用，圣甲虫把食物加工成球形，但又没有挪动它的位置。总之，我们已经承认这个球形在滚动之前就做成了。

同样，我们也能立刻确定，在洞底深处制作成了为幼虫准备的梨形。它没有滚动过，甚至都没有挪过窝儿。圣甲虫完全按照所需要的外形对它进行了加工，犹如泥塑艺人用拇指捏泥人一样。

圣甲虫利用自己配备的工具也能制作出曲形不如梨形柔和的其他一些形状出来。譬如，它就能制作较粗糙的圆柱体，那是粪金龟通常制作的香肠面包；它也能草率从事，让没有固定形状的粪块是什么样就什么样。如果盲目从事，活儿就做得更快，它也便有更多的时光尽情享受阳光下的欢乐了。然而不然，圣甲虫特意选择制作梨形粪球，而这种形状要做得精确是非常不易的。它就像深知蒸发的规律以及几何学的规律似的制作出这种繁难的梨形粪球。

目前剩下的是弄清楚梨颈的事了。其功能、作用到底是什么？

答案明显是：有极大的作用。孵化室便在梨颈部位，卵便在其中。然而全部的胚胎，不论是植物的还是动物的，都需求空气这个生命的原动力。为了令激发生机的空气这种助燃剂渗透进去，圣甲虫的梨形粪球也有和鸟蛋的蛋壳上的气孔类似的。

为了防止过快地干燥，梨形粪球的外壳被压实变成一层很硬的外皮。它的营养核，即蛋黄、卵黄，为藏于外皮内的松软的球。

「好词好句」

配备

粗糙

*圣甲虫完全按照所需要的外形对它进行了加工，犹如泥塑艺人用拇指捏泥人一样。

*如果盲目从事，活儿就做得更快，它也便有更多的时光尽情享受阳光下的欢乐了。

「专家解疑」

草率：（做事）不认真，敷衍了事。

蒸发：①液体表面缓慢地转化成气体。②比喻没有任何征兆地突然消失。

它的透气室就是最上端的那个小屋，也就是梨颈上的那个小窝窝，里面的空气将胚胎紧紧围住。为了能呼气吸气，哪里有比孵化室更好的？其位于尖角上面，沐浴在空气里，气体可以穿过薄薄的壁自由地渗进渗出。

食粪虫中无人敢对作为重要条件的空气和水等闲视之。

「智慧引路」空气和水对于食粪虫十分重要，其实，我们人类也同样离不开空气和水。小朋友们应当懂得爱护自然环境、保护水资源的重要性。

我们将来会有机会看到，食粪虫的食物块形状各不相同。除了梨形外，依据制作者的种类不同，还有圆柱形、鸟蛋形、球形、尖顶形等。然而，虽然是形状各不相同，首要的一点却是永久不变的：卵停留在紧靠表面的一间孵化室内，这是呼吸新鲜空气和吸热的良好方法。圣甲虫制作的梨形粪球在此类精巧艺术领域独占鳌头。

我前面刚提起过，圣甲虫这位上等的揉制工在揉制粪球时所表现出的逻辑性可和我们人类相媲美。就我们目前所知，我做的实验就证实了这一点，此外还有更好的证明。我们将下面这个问题让我们的科学来阐释吧。胚胎是被包围在一大块食物里面的，而由于干燥，这大块食物很快就会变得无法食用。怎样加工这种食物块才好呢？为了易于呼吸到新鲜空气和吸收热量，把卵产在哪里好呢？

「专家解疑」

媲美：美（好）的程度差不多；比美。

阐释：阐述并解释。

雅致：（服装、器物、房屋等）美观而不落俗套。

所提问题中的第一个问题已经解答过了。我们从所获知识中知道，蒸发和蒸发表面的面积大小是成正比的，因此食物应做成球状，因为球状体包含的物质至多而表面积又最小。关于虫卵，既然需求一个令它免除任何伤害性接触的保护套加以保护，就必须把它放在一个薄薄的圆柱形套子里，再使套子立在球体上方。

如此这样，便满足了所有必须的条件了，制作成球状的食物就可以保持新鲜了。被一个圆柱形薄套保护着的卵可以顺畅地呼吸新鲜空气和吸收热量。这必要条件虽然满足了，但那形状却实在难看。讲实用便就顾不得美了。

「名师点拨」

虽然在作者看来，实用和美也许并不能兼顾，但手艺非凡的圣甲虫却能将二者完美地融合起来，真是令人不得不为之赞叹和钦佩。

我们推理得出的粗糙作品被一位艺术家进行了加工。它将圆柱形修改为半椭圆形，显得优美雅致很多。它又在这个球体上制作出一个精妙的曲面，与球体依旧连接在一起，这就成了一个梨形，成了一个带颈的葫芦。如此一来，它就变成了一件艺术品了，十分美观。

「专家解疑」
审美：领会事物或艺术品的美。

圣甲虫所做的正是美学需要我们做的。它是否也拥有一种审美观？它知道自己制作的梨形很漂亮吗？它肯定是瞧不出梨形之美的。它是在地下一片漆黑中制作出来的。但它摸得出来，即使它的触觉不值一提，并且身披粗糙的角质外壳，但不论怎么说，自己对自己精心制作出来的外形轮廓是肯定会有感觉的！

■名家品评

本章是探索类的章节，作者通过对梨形粪球的寻找、研究，最终得出了圣甲虫制作梨形粪球的过程以及圣甲虫梨形粪球的具体作用、具体构造。作者用大量的科学实验证明了圣甲虫梨形粪球的科学原理，总结出了验证真理的具体方法、具体步骤。作者这种认真严谨的研究态度，是值得我们学习的。

阅读思考

1. 小的梨形粪球是做什么用的？

2. 圣甲虫的卵在什么地方？

3. 圣甲虫避免食物干燥的方法是什么？

南美潘帕斯草原的食粪虫

提起食粪虫，想必很多人都不太喜欢，因为它们以粪球为食，脏脏的，并不讨喜。但是，作者却踏遍万里，只为寻得它们的踪迹。那么，食粪虫具有怎样的神奇本领呢？作者又为什么将它们称为糕点师傅呢？想要弄清楚这些问题，就认真阅读下文吧。

踏遍全球，游遍五湖四海，走过南北极，观察生命在不同气候条件下的无穷无尽的变化状况，对于善于考察研究的人来说这绝对是最美的好运。鲁滨逊的漂流令我欢喜兴奋，我年轻的时候就揣着他那种美妙的奇想。但是，紧接着环游世界那美丽梦幻而来的却是郁闷和蛰居的实际。印度的热带丛林、巴西的原始森林、南美大兀鹰喜欢的安第斯山脉的崇山峻岭，全部变成一块作为探察场的荒石园了。

但是上苍庇佑，让我并没有为此而埋怨个不停。思想上的收获并不是一定需要长途跋涉。让·雅克在那金丝雀生活的海绿树

「专家解疑」

五湖四海：指全国各地。

蛰居：像动物冬眠一样长期躲在一个地方，不出头露面。

庇佑：祖护；保护。

从中采集植物，贝尔纳丹·德·圣皮埃尔偶然地在她窗边生长的一株草莓上发现了一个世界，萨维埃·德·梅斯特尔将一张扶手椅当作马车在自己的房间里进行了一次世界著名的旅行。

这种旅行方式是我可以做到的，但是没有马车，因为在荆棘丛里驾车很不容易。我在荒石园附近上百次一段一段地绕行，我于一家又一家人家停留，悉心地询问，间隔如此一长段时间，我就可以得到零零星星的答案。

我对昆虫小村镇一点儿都不陌生，我在这个小村镇里弄明白了螳螂栖息的种种细枝，我了解了苍白的意大利蟋蟀在安静的夏夜轻轻吟唱的所有荆棘丛，我熟悉了黄蜂这个棉花小袋编织工耙平的棉絮的全部小草，我走遍了切叶蜂这个树叶的剪裁工出没的所有丁香矮树丛。

倘若说荒石园的角角落落的踏勘还不够的话，我便跑得更远些。

可以获得更多的贡品。我绕过周围的藩篱，在大概一百米之处，我和埃及圣甲虫、天牛、粪金龟、蜣螂、螽斯、蟋蟀、绿蚱蜢等进行了接触，总而言之，我和一大群昆虫部落有了接触，想要弄清楚它们的进化史，就得耗尽一个人整个一生。显然，我和自己的近邻接触就足够了，不用长途跋涉跑到很遥远的地方去。

再者说踏遍全世界，将注意力分散在如此多的研究对象上，也还是在观察研究。四处旅行的昆虫学家可以将自己所得的许许

「专家解疑」

悉心：用尽所有的精力。

踏勘：①铁路、公路、水库、采矿等工程进行设计之前在实地勘察地形或地质情况。②在出事现场查看。

藩篱：篱笆，比喻界限和屏障。

「名师点拨」

此处采用了排比的句式。通过语气一致、意义相关的句式，起到了增强语言节奏，淋漓尽致抒发感情的良好效果。同时，也使文章更具条理性。

多多的标本钉在标本盒内，这是专业词汇分类学家以及昆虫采集者的兴趣，然而收集详尽的资料却是另一码事。他们是科学上到处奔波的犹太人，没时间停下来。在他们为了研究这样那样的事实时，便可能要停在一个地方很久，但是，下一站又在敦促着他们上路。我们便不会令他们勉为其难了。便让他们在软木板上钉吧，就令他们用塔菲亚酒的短颈大口瓶去浸泡吧，就让他们将耐心观察、需时费力的工作留给深居简出的人吧。

「专家解疑」

奔波：忙忙碌碌地往来奔走。

深居简出：平日老在家里待着，很少出门。

这便是为何除了专业分类词汇学家列出的枯燥乏味的昆虫体貌特征之外，昆虫的历史极其匮乏的原因所在。异国的昆虫数目繁多，难以数计，它们的习性我们几乎一直都不清楚。但是我们可以将我们眼前所见到的情景和别处发生的情况相比较。看一看同一类昆虫在不同的气候条件下有着怎样基本的变化是十分有益的。

「好词好句」
无可奈何
恩泽
*啊！多么神奇的飞毯啊，你肯定会比萨维埃·德·梅斯特尔的马车更加舒适。
*我现在到了阿根廷共和国的潘帕斯大草原，渴望着把塞里昂的食粪虫的本领与其另一个半球上竞争者的本领比较一番。

「专家解疑」
虚怀若谷：胸怀像山谷那样深而且宽广，形容十分谦虚。
萍水相逢：比喻向来不认识的人偶然相遇。

此时，无法远行的遗憾重新涌上心头，让我比以前任何时候都更加觉得无可奈何，除非我从《一千零一夜》的那张魔毯上寻找一个座位，向我想要去的地方飞去。啊！多么神奇的飞毯啊，你肯定会比萨维埃·德·梅斯特尔的马车更加舒适。只是希望我可以在你上面找到一个可坐的角落，携带着一张往返机票！

我果然找到了这个角落。这个意想不到的好运是基督教会学校的修士、布宜诺斯艾利斯市萨尔中学的朱迪利安教友带给我的。他虚怀若谷，受其恩泽者对理应对他表示的感激很不高兴。我在此只想说，按照我的要求，他的双眼代替了我的眼睛。他寻找、发现、观察，然后把他的笔记以及发现的材料寄来给我。我用通信的方式同他一起寻找、发现、观察。

我终于成功了，多亏了这么卓绝的合作者，我在那张魔毯上找到了座位。我现在到了阿根廷共和国的潘帕斯大草原，渴望着把塞里昂的食粪虫的本领与其另一个半球上竞争者的本领比较一番。

开端极好！萍水相逢竟然让我首先得到了法那斯米隆那漂亮的昆虫，全身黑中透蓝。雄性法那斯米隆前胸有个凹下的半月形，肩部有锋利的翼端，额上竖着一个可与西班牙蜣螂媲美的扁角，角的末端呈三叉形。雌性则以普通的褶皱代替了这漂亮的装饰。雄性与雌性的头罩前部都有一个双头尖，肯定是一个挖掘工具，也是用于切割的解剖刀。这种昆虫短粗、壮实、呈四角形，让人联想到蒙彼利埃位于法国南部，地中海沿岸，经莱兹河与海相通，是朗格多克－鲁西永大区的首府和埃罗省省会，是法国第六大城市，也是法国西南部最重要的商业、工业中心。周围有非常罕见的一种昆虫——奥氏宽胸蜣螂。

如果本领要随形状不同的话，那我们就该毫不迟疑地把如同奥氏宽胸蜣螂制作的同样又粗又短的香肠面包归之于法那斯米隆。唉！每当牵涉本能的问题时，昆虫的体形结构就会造成误导。这种脊背正方、爪子短小的食粪虫在制作葫芦时技艺超群。连圣甲虫都不能制作得这么像模像样，尤其是个头儿又这么大的葫芦。

「名师点拨」此处作者对这种食粪虫进行了很高的称赞，甚至将技艺不凡的圣甲虫拿来比较，由此更加凸显了这种食粪虫的高超技艺。

这种粗壮短小的昆虫制作的产品之精美让人拍案叫绝。这种葫芦制作得如此符合几何学标准，简直无可挑剔：葫芦颈并不细长，然而却把优雅与力量结合在一起。它似乎是以印第安人的某种葫芦作为模型制作的，特别是因为它的细颈半开，鼓凸部分刻有漂亮的格子纹饰，那是这种昆虫的跗骨的印迹。它好像是用藤柳条嵌护着的一只铁壶，大小可以达到甚至超过一只鸡蛋。

这真是一件奇珍异品，尤其是这竟然是出自一个外形笨拙、粗短的工人之手。不，这再一次说明工具不能造就艺术家，人和虫都是这么个理儿。引导制作工匠完成杰作的有比工具更重要的东西：我说的是“头脑”——昆虫的才智。

「专家解疑」纹饰：器物上绘成或铸成的图案、花纹。

嗤之以鼻：用鼻子吭气，表示看不起。

法那斯米隆不仅对困难嗤之以鼻。它还对我们的分类学不

「好词好句」
狂热
光顾
* 捕食性膜翅目昆虫汲取花冠底部的蜜，但它喂自己的孩子时却用的是野味的肉。
* 不管怎么说，这种胃同人类的胃一样，年轻时喜欢的老年后就开始厌烦了。

「专家解疑」
癖好：对某种事物的特别爱好。
侏儒：身材异常矮小的人。这种异常的发育多由腺垂体的功能低下所致。

屑一顾。一说食粪虫，就解释为牛粪的狂热追慕者。可法那斯米隆之重视牛粪既非为自己食用也不是为了自己的孩子们享用。我们常常会看见它待在家禽、狗、猫的尸骨架下，因为它需要尸体的脓血。我所绘出的那只葫芦就是立在一只猫头鹰的尸体下面的。

这种把埋葬虫的胃口与圣甲虫的才能相结合的虫，谁愿意怎么看就怎么看吧。我么，我不想去解释这种现象，因为昆虫的一些癖好让我困惑不解，它们的这些癖好似乎无人能依据它的外表做出判断。我知道在我家附近就有一种食粪虫，它也是尸体残余的唯一的享用者。它就是粪金龟，是经常光顾死鼹鼠和死兔子的常客。但是，这种侏儒殡葬工并不因此就鄙视粪便，它像其他的金龟子一样照旧大吃不误。也许它有着双重饮食标准：奶油球形蛋糕是供给成虫的，而略微发臭的有浓重口味的腐肉食料则是喂给幼虫的。

类似情况在别的昆虫、别的口味方面也同样存在。捕食性膜翅目昆虫汲取花冠底部的蜜，但它喂自己的孩子时却用的是野味的肉。同一个胃，先吃野味肉，后汲取糖汁。这种消化用的胃囊在发育过程中必须发生变化吗？不管怎么说，这种胃同人类的胃一样，年轻时喜欢的老年后就开始厌烦了。

让我们更加深入地观察研究一下法那斯米隆的杰作。我弄到的那些葫芦全都干透了，硬得几乎跟石头一样，颜色也变成浅咖啡色了。我用放大镜仔细观察，里外都没有发现一丁点儿木质碎屑，这种木质碎屑是牧草的一个证明。这么说，这怪异的食粪虫没有利用牛屎饼，也没有利用任何类似的粪料，它是用其他材料制作自己的产品的。

「名师点拨」作者对葫芦展开了调查，通过放大镜的观察，作者排除了粪料的可能。那么，葫芦究竟是用什么材料制成的呢？

那么它到底用的是什么材料呢？开始时是很难弄清楚的。

我把葫芦放在耳边摇动，有轻微的响声，就像是一个干果壳里面有一个果仁在自由滚动时发出的声响一样。葫芦是不是有一只因干燥而抽缩了的幼虫呀？我起先一直是这么认为的，但我弄错了。那里面有比这更好的东西，这可让我长了不少见识。

我用刀尖小心翼翼地挑破葫芦。在一个同质的均匀内壁——我的三个标品中最大的一个的内壁竟厚达两厘米，中间嵌着一个圆圆的核，满满当当地充填在内壁孔洞里，但却与内壁毫不粘贴，所以可以自由地晃动，因此我摇动时它便发出了声响。

就颜色与外形而言，内核与外壳并无差异。但是，把内核砸碎，仔细检查碎屑，我就从中发现一些碎骨、绒毛絮、皮肤片、细肉块，它们全都淹没在类似巧克力的土质糊状物中。

我把这种糊状物在放大镜下面进行筛选，去除了尸体的残碎物之后，放在红红的木炭上烤，它立即变得黑黑的了，表层覆盖着一层鼓胀的光亮物，并散发出一股呛人的烟，很容易闻出那是烧焦的动物骨肉的气味。这个核全部浸透了腐尸的脓血。

「专家解疑」
粘贴：用胶水、糨糊等使纸张或其他东西附着在另一种东西上。
筛选：①利用筛子进行选种、选矿等。②泛指通过淘汰的方法挑选。

我对外壳进行同样处理后，它也同样变黑了，但黑的程度没有核那么深。它几乎不怎么冒烟，它的外层也没有覆盖一层乌黑发亮的鼓胀物，它一点也没含有与内核所含有的那些腐尸的碎片相同的东西。内核与外壳经烧烤之后，其残余物都变成一种细细的红黏土。

「专家解疑」
粗略：粗粗；大略；不精确。
烹饪：做饭做菜。
青睐：用正眼相看，指喜爱或重视（青：指黑眼珠；睐：看）。

通过这粗略的观察分析，我们得知法那斯米隆是如何进行烹饪的。供给幼虫的食品是一种酥馅饼……肉馅是用它头罩上的两把解剖刀和前爪的齿状大刀把尸体上能剔出来的所有东西全都剔出来做成的，有下脚毛、绒毛、捣碎的骨头、细条的肉和皮等。一开始，这种烤野味的作料拌稠的馅呈浸透腐尸肉汁的细黏土冻状，现在变得硬如砖头。最后，酥馅饼的糊状外表变成了黏土硬壳。

「名师点拨」
这里运用了拟人的修辞手法，将食粪虫当作人，而且还是一位手艺高超的糕点师傅来描写，这对于启发我们的想象具有重要作用。

这位糕点师傅对其糕点进行了包装，用圆花饰、流苏、甜瓜筋囊加以美化。法那斯米隆对这种厨艺美学并非外行，它把酥馅饼的外壳做成葫芦状，并饰以指纹状的饰纹。

这种无法食用的外壳在肉汁中浸泡的时间太短，可想而知，并不受法那斯米隆的青睐。等幼虫的胃变得皮实了，可以消受粗糙的食物时，它会刮点内壁上的东西充饥，这一点倒是有可能的。但是，从整体来看，直到幼虫长大能出走之前，这个葫芦一直完好无损。它不仅开始时是保护馅饼新鲜的保护神，而且始终都是隐居其间的幼虫的保险箱。

在糊状物的上面，紧挨着葫芦的颈部，被修整成一个黏土内壁的小圆屋，这是整个内壁的延伸部分。一块用同样材料制成的挺厚的地板把它与粮食隔开。这就是孵化室，卵就产在那儿，我在那儿发现了卵，可惜已经干了。幼虫在这个孵化室里孵化出来，事先得打开一扇隔在孵化室和粮食之间的活动门，才能爬到那个可食的粪球处。

幼虫诞生在一个高出那块食物并与之不相通的小保险匣里。新生幼虫自己必须及时地钻开那食品罐头盒盖。后来，当幼虫待在那罐头食品上面时，我的确发现地板上钻了一个刚好能让它钻过去的孔。

这块裹着厚厚的一层陶质覆盖层美味的牛肉片，根据缓慢孵化的需要，长时间地保持新鲜。怎么达到这一目的的？我仍搞不清楚。卵在其同样是黏土质地的小屋里安全无虞地待着，完好无损。到这时为止，一切都尽善尽美。法那斯米隆深谙构筑防御工事的奥秘，深知食物过早地发干的危险。现在剩下的是胚胎呼吸的需求问题了。

为了解决这个呼吸问题，法那斯米隆也是匠心独运、智慧超群的。葫芦颈部沿着轴线打通了一条顶多只能插入一根细麦管的通道。这个闸口在内部开在孵化室顶部最高处，在外部则开在葫芦柄的末端，呈喇叭形半张开着。这就是通风管道，它极其狭窄而且又有灰尘阻而不塞，因此便防止了外来的入侵者。我敢说这是简单但绝妙的杰作。

「专家解疑」

延伸：延长；伸展。

匠心独运：在文学、艺术等方面独创性地运用巧妙的心思。

超群：超过一般。

「好词好句」

完好无损

尽善尽美

*法那斯米隆深谙构筑防御工事的奥秘，深知食物过早地发干的危险。

「专家解疑」
卓识：卓越的见识。

黏土：含沙砾很少，有黏性的土壤。养分较丰富，能保水、保肥，但通气透水性差，耕种时需要改良。

我这样说是不会错的。如果说这样的一个建筑是偶然的结果的话，那么必须承认盲目的偶然却具有一种非凡的远见卓识。

这种迟钝的昆虫是怎样建好这项繁杂的工程的呢？我在通过一个旁观者的目光观察这南美潘帕斯草原的昆虫时，仅上述这个工程结构就吸引着我。自这个工程结构上可以不出大错地推测出这个建筑工所使用的方法。所以，我便这样设想了它的工作进行情况。

它首先遇上了一具小昆虫尸体，尸体的渗液使下面的黏土变松软。所以，它根据软黏土的大小多多少少地收集起来。收集的多少并无明显的规定，倘若这种软黏土非常之多，收集者便会大加消费，粮仓亦会更加牢固。如此一来，制成的葫芦便特别大，比鸡蛋的体积还要大，尚有一个两厘米厚的外壳。*只是，如此一大堆的材料远远超出模型工的能力，以致加工得很不好，自外观上看上去，一眼就可看出这是劣质劳动的结果。*若是软黏土很稀少，它就会严格节省着使用，这样它动作便会自然得多，做出来的葫芦反会匀称整齐。

「智慧引路」
"心急吃不了热豆腐"，昆虫运黏土造粮仓是这样，我们在生活中做其他事情时也是，要一步一步按程序走，脚踏实地地做事情。

那黏土或许先是通过前爪的按压和头罩的劳作变成球形，然后挖出一个非常宽且非常厚的盆形。蜣螂和圣甲虫便是如此做的，它们于圆粪球的顶部挖出一个小盆，在对蛋形或者梨形做最后打磨之前，将卵产在小盆里。

在此第一项劳作中，法那斯米隆仅是一个陶瓷工。无论尸体渗液浸润黏土是如何不充分，只要有了可塑性，任何黏土对它来说均是能够加工制作的。

如今，它成了肉类加工者了。它使用它那带锯齿的大刀从腐尸上切、锯下一些散碎小块来，它便撕便拽，将它认为最适合幼虫口味的部分弄下来。此后，将这些碎片通通聚集起来，再将它们同脓血最多的黏土混合在一块儿。这一切搅拌得十分均匀，就制造成了一只圆粪球，不用滚动，如同其他食粪虫制作自己的小粪球类似。另外说一句，这只粪球是按照幼虫的需要量制造的，不管最后那个葫芦有多大，它的体积几乎保持不变。

现在酥馅饼做成了，它被放进大张开口的黏土盆里。它没有挤没有压，以后能够自由转动，不会与其外壳有任何粘连。此时，陶瓷制作的活儿便又开始了。昆虫使劲挤压黏土盆厚厚的边缘，为肉食造好模套，最后使肉食的顶部被一层薄薄的内壁包裹住，而其他部分则被一层厚厚的内壁包住。顶部的内壁上，留下一个环形软垫，这儿的内壁的厚度与日后在顶部钻洞进粮仓的幼虫的弱小程度成正比。此后，这个环形软垫同时进行压模，变为一个半圆形的窟窿，卵便产在其中。以挤压黏土盆的边缘，使其慢慢封口，变为孵化室，制作葫芦之工序就宣告结束了。这道工序更加需要高超的技艺。在制作葫芦柄的同时，须一边紧压粪料，一边沿着轴线留出通道当作通风口。

我觉得建造这个通风闸口非常困难，那是由于计算稍微有点

「名师点拨」
从陶瓷工变为肉类加工者，从作者的描写中我们可以看出，食粪虫的技艺是非常精湛的，甚至可以说是一位多面手，由此不能不令人对其佩服不已。

「专家解疑」
边缘：①沿边的部分。②属性词。靠近界线的；同两方面或多方面有关系的。

窟(kū)窿(long)：①洞。②比喻亏空。

闸口：闸门开时水流过的孔道。

「专家解疑」

心灵手巧：心思灵敏，手灵巧，形容人聪明能干。

活计：①过去专指手艺或缝纫、刺绣等，现泛指各种体力劳动。②做成的或待做的手工制品。

偏差，这个狭窄的口子便会立刻被堵住了。我们最优秀的陶瓷工中最心灵手巧的工匠若是缺少一根针的帮助也是干不成这件活儿的，它将针先垫在内部，完成之后，就将这根针抽出来。这种昆虫是一种利用关节连接之机械木偶，它在没有意识的情况下，便挖出了一条通过大葫芦柄的通道。若是它想到了，兴许就挖不成了。

葫芦制作完成后，便得对它粉饰加工了。这是一件费时又费力的活儿，要使曲线精美流畅，并且在软黏土上留下印记，如同史前的陶瓷工用拇指尖印在其大肚双耳坛上的印记相同。

这件活计完成了。它便会爬到另一具尸体下面重新开工，由于一个洞穴仅有一个葫芦，多了便不可以，如同圣甲虫制作它的梨形小粪球类似。

■名家品评

本文着重讲述了潘帕斯草原食粪虫的特殊本领。通过作者的细致描述，我们能够充分感受到食粪虫的聪明才智，它们不仅是杰出的工匠，还是出色的糕点师。其实最重要的是，它们对子女的爱是伟大的。建造舒适的房子，寻找美味的食物，这一切都流露出它们对自己的子女的深深的爱。

阅读思考

1. 食粪虫的雄性与雌性有何区别？

2. 葫芦里面是什么东西？

3. 葫芦顶部内壁上的环形软垫有何作用？

金步甲的婚俗

金步甲是守卫田野的“园丁”，但是这个“园丁”却隐藏着残暴的一面。那么，金步甲究竟有何不为人知的面目呢？它又为什么会有如此残暴的习性呢？作者又对此有何想法呢？走进文章，解开这所有的疑问吧。

金步甲和毛虫是天敌，这是人所共知的事，所以无愧于它那园丁的美誉。

它是菜园以及花坛的警惕的田野守卫。倘若说我的研究在这方面没办法为它那久负盛名的美誉增加点什么的话，那我至少可以从以下的介绍中向大家展示这种昆虫尚不为人知的一面。它是个残暴的吞食者，任何力量不如它的昆虫都把它当作是魔鬼，然而它有时也会遭遇灭顶之灾。是谁把它吃掉了呢？是它自己和别的许多昆虫。一天，我碰到一只金步甲仓皇地从我家门前的梧桐树下爬过。朝圣者是受人喜欢的，它将会使笼中居民增强团结。我把它逮住后，发觉它的鞘翅末端受到损伤。是争风吃醋遗留下

「专家解疑」
盛名：很大的名望。
仓皇：匆忙而慌张。

的伤痕吗？我看不出来有任何这方面的迹象，重要的是它可不能伤得太严重。我细致地查看一番，看不到任何伤残可以加以利用，便将它和那二十五只常住居民一起放入玻璃屋中。

「专家解疑」
查验：检查验看。
约定俗成：指某种事物的名称或社会习惯是由人们经过长期实践而认定或形成的。

第二日，我去查验这个新寄宿者，它死了。在前天夜里，它被同室里的居民攻击以致死亡，那残缺的鞘翅没有保护好肚腹，对方将其掏空了。破腹手术干净利落，并未伤到一点肢体。爪子、脑袋、胸部全部完好无损，只是肚子被开膛，内脏被掏光了。我所看到的是一副金色贝壳架，被双鞘翅合拢护着。就算是那被掏空了所有软体组织的牡蛎，也不会像它那样如此干净。

「名师点拨」
金步甲为什么会吞食掉受伤的同伴？读到这里，让人不禁产生疑问。按照作者的说法，显然不是由于它们饥饿难耐，那么实质的原因是什么呢？

这种结果着实让我感到极其惊奇，因为我一直十分注意查看，不让笼子里的食物短缺。蜗牛、鳃角金龟、螳螂、蚯蚓、毛虫和其他可口的吃食，我是换着方式地放入笼中，有足够的菜量。我的这些金步甲就这样吞食掉一个身体受伤、很容易被袭击的同胞，这是很难拿饥饿难耐所致充当借口的。

它们之间有没有约定俗成，伤者必须被结束，它那即将变质的内脏必须掏空？昆虫世界里并没有同情可言。面对这个只可以挣扎，沦落于绝望的受害者，它的同胞们并没有在此逗留，没有谁会尝试前去帮它一下。在食肉者之间事情也许会变得更加的凄惨。有时，一些过往者的目光会投向伤残者。是为了给它慰藉吗？并不是这样，它们的目的是尝尝它的味道，而且如果它们觉得味道鲜美，那它只有被吃掉，这样一来便可以完全解除它的痛苦。

当时，有可能是那只鞘翅受伤的金步甲显露了它受损害的部位，同伴们受到了引诱，将这个受伤的同胞看作是一只可以开膛破肚的猎物。但是，倘若刚开始并没有谁受伤，那它们之间是否会相互尊重呢？各种现象表明，刚开始，相互之间还是相安无事的。吃食时，金步甲们之间也从没有争斗过，最多就是从彼此嘴中夺食而已。躲在木板下午睡，并且睡得很久，也从未有过打斗。我那二十五只金步甲把身子半埋在凉快的泥土里，安详地在消食、打盹儿，彼此离得不远，各睡各的小坑。假如我把遮阴板拿掉，它们立即会惊醒、四下逃跑，时常地相互撞到，却不会相互争斗。

这种安详平静的气氛仿佛会一直这样延续下去，但是在天气炎热的六月那阵儿，我有一回观察发现一只金步甲死了。它并未被肢解，同金色贝壳一样，就如同刚才被吞食的那只伤残者的样子，使人想象到一只被掏干净的牡蛎。我详细查看了残骸，除去腹部开了个大洞，别的部位完好无损。由此可以看出，在其余的金步甲把它掏空时，它们这只受伤的同胞那时的状态没有什么反常。

过了几天，又有一只金步甲被残害，和之前那只的死法相同，护甲也都是完好无损。将死者腹部朝下放好，它好像依旧是好好的。而让它背朝下的话，它就只是一只空壳，壳内没有一点肉。没过多久，又见到一具残骸，接着是一只连着一只，越来越多，导致笼中居民数量迅速减少。*如果让这种自相残杀继续下去，我的笼子里过不了多久便会空空如也了。*

「专家解疑」
引诱：①诱导，今多指引人做坏事。②诱惑。

「好词好句」
安详
延续
*它并未被肢解，同金色贝壳一样，就如同刚才被吞食的那只伤残者的样子，使人想象到一只被掏干净的牡蛎。

「智慧引路」
无论是在动物界还是人类世界，相互残杀最后都只会换来悲剧收场。这也就告诫小朋友们，要学会尊重生命，无论是动物还是人类。

「专家解疑」
瓜分：像切瓜一样地分割或分配。
水落石出：水落下去，石头就露出来，比喻真相大白。

我的金步甲们是因年老体衰自然死亡后才被幸存者们瓜分尸体呢？还是牺牲好端端的人为了减少人口呢？想要将这弄个水落石出也不是件容易的事，原因是这些开膛剖肚的事情都发生在晚上。但是，我因时刻警惕着终于在大白天碰见了两次这种大开膛。

差不多到了六月中旬的时候，我目睹了一只雌金步甲正在折腾另一只雄金步甲的情形。

后者体形稍小，一看便知是只雄的。手术开始了，雌性攻击者稍稍掀起雄金步甲的鞘翅末端，从背后咬住受害者的肚腹末端，它拼命地又拽又咬。受害者精力充沛，但是却不反抗，也不转过身来。它只是尽力在往相反的方向挣扎，以摆脱攻击者那恐怖的

齿钩，只见它被攻击者拖得忽而进忽而退的，却看不到有别的任何抵抗。搏斗持续了一刻钟，几只过路的金步甲突然而至，停下脚步，好像在想："一会儿就该我上场了。"

「名师点拨」作者将金步甲拟人化，赋予他们人的思想和语言，既形象又生动。

最后，那只雄金步甲使出浑身力气挣脱开来，逃之夭夭。可以断定，如果它没能挣脱掉的话，那它一定就被那只残暴的雌金步甲开了膛了。

几天过后，我又看到一个类似的场景，但结局却是完满的。仍旧是一只雌性金步甲从背后咬一只雄性金步甲。被咬者什么抵抗也没做，只是徒劳地在挣扎，以求摆脱。最后，皮开肉裂，伤口扩大，内脏被悍妇拽出吞食。那悍妇把头扎进其同伴的肚子里，将它掏空。可怜的受害者爪子一阵颤动，表明已小命休矣。刽子手却没有因此心软，继续尽可能地往腹部深处掏挖。死者最后只剩下了合抱成小吊篮形状的鞘翅和那依然连在一块的上半身，其余的就一点儿也没有了。剑子手把掏得干干净净的空壳撇在了原地。

「专家解疑」剑(guì)子手：①旧时执行死刑的人。②比喻屠杀人民的人。

残骸(hái)：人或动物的尸骨，借指残破的建筑物、机械、车辆等。

金步甲们尤其是雄性大概就是这样死去的，我时常能在笼子里看见它们的残骸。幸存者或许也会这样死去。从六月中旬到八月一日，刚开始的二十五个居民骤减至五只雌性金步甲了。二十只雄性全部被开膛破肚，掏个干干净净。是谁如此残忍地做了这些呢？看上去像是雌金步甲做的。

「名师点拨」此处作者通过实验，终于证实无情的残杀行为都是雌性金步甲所为。这里不禁又让人不解，为什么对于雌性金步甲的攻击雄性金步甲只是逃跑，而不予以反击呢？下面作者就做了进一步分析。

首先，我亲眼所见，足以为证。我两次在大白天看见雌金步甲把雄的在鞘翅下开膛后吃掉，或者至少试图开膛而未遂。至于其他的残杀，倘若说我没有目睹的话，我却有一个很有力的证据。大家刚才全都看见了：被抓住的雄金步甲没有丝毫的自卫和反抗，只是拼命地挣扎、逃跑。

如果这只是日常生活中对手之间的一般打斗，那么被攻击者显然会转过身来的，因为它完全有可能这么做。它只要将身子转过来，便可回敬攻击者，以牙还牙。它身强力壮，可以搏斗，一定可以占到上风，可这傻瓜却任凭对手肆无忌惮地咬自己的屁股。似乎是一种难以压制的厌恶在阻止它转守为攻，也去咬一咬正在咬自己的雌金步甲。它的这种宽厚让人联想到了狼格多克蝎，一次婚礼结束，雄蝎就任凭它的新娘吞食自己而不用它那根

可以伤害恶妇的毒螯针。这种宽容也使我回想起那个雌螳螂的情人，即使有时被咬剩下一截了，依旧不遗余力地在继续自己那未竟之业，终于被一口一口地吃掉而没有做任何的反抗。这便是婚俗使然，雄性对此无丝毫怨言。

「专家解疑」

不遗余力：用出全部力量，一点儿也不保留。

浅尝辄（zhé）止：略微尝试一下就停下来，指对知识、问题等不做深入研究。

这些被我养在笼子里的雄性金步甲，逐个被开膛破肚，没有一个幸存下来，这也是在告诉我们相同的习性，它们是已经对交尾感到满足的雌性伴侣的牺牲品。从四月至八月的四个月里，每天都有雌雄配对，有时是浅尝辄止，有时或者说更多的时候是有效的结合。对于这些火辣辣的性格来说，这绝对是没

有结束的。

「名师点拨」作者在此处为我们介绍的是金步甲的婚姻习俗。从中可以明显感觉到，金步甲的求爱可谓雷厉风行，读后不禁让人印象深刻。

金步甲在情爱方面迅速利落。在众目睽睽之下，一只走过的雄金步甲无须酝酿感情，便朝一眼见到的雌金步甲扑上去。雌金步甲被紧紧搂住，微微昂起点头来，以示赞同，而在其上的雄金步甲便用触角尖端抽打对方的脖颈。迅即就交配完毕，双方即刻分开，各自跑去吃蜗牛，然后又各自另觅新欢、重结良缘，只要有雄金步甲可资利用即可。对于金步甲来说，生活的真谛便在于此。

「专家解疑」争风吃醋：指因追求同一异性而互相嫉妒争斗。

失调：①失去平衡；调配不当。②没有得到适当的调养。

在我养的金步甲天地里，男女比例严重失衡，五只雌的对二十只雄的。不过这无关紧要，没有发生什么争风吃醋的战斗。雄性和平地享有、交配遇上的雌性。有了这种协作精神，早一时晚一时，机会总会有，经过多次相遇试探，每个雄性都能发泄自己的欲火。

我原本想让雌雄比例趋于协调，但是纯属偶然造成了这种比例失调。初春时分，我在旁边石头下捕捉遇到的所有的金步甲，不管是雄是雌，而且仅从外表特征上是很难分辨出雌雄来的。后来，把它们放在笼子里喂养后，我弄明白了，雌性很明显比雄性的要大一些。因此，我那金步甲园地里雌雄比例的失调确实是偶然结果。可以想象：在自然环境下雄性是不会比雌性多出如此之多的。

再说，在自由状态下，不可能会有这么多金步甲都在一块石头下面。金步甲大多是单独活动的，极少能发现两三只金步甲在同一个地方出现。我的笼子里一下有这么多的金步甲确实是很特别，而且还未导致争斗。

玻璃屋中地方很大，它们来去自如地活动是足够的，悠闲自在。想独处就独处，想找个伴随时就能找到。另外，这笼中困兽的日子并没有使它们觉得有多不安，看它们一直在海吃海喝，还每天不停地交尾寻欢，就充分证明了这一点。在野地里倒是自由自在，但却没如此舒服，也许还不如在笼子里，因为野地里的食物没有笼子里那么丰富。在安逸方面，囚徒们也都是在正常状态的，完全满足了它们的生活习惯。

只不过同类相遇的机遇在笼子里比在野地里多。这对雌性来说或许是个难得的机会，它们可以随意加害自己厌倦的雄性，可以咬雄性的屁股，将它们的内脏挖空。这种杀害自己旧欢的状况因比邻而居而加剧了，不过肯定没有就此便花样翻新，因为这种习性并非一时兴起而来的。

交尾一结束，在野外遇见雄性的雌金步甲就会把对方当成猎物，将它咬碎，以结束婚姻。我在野地里翻过不少石头，不过从没有见到过如此情形，但这并不重要，我笼子里见到的情况就足以让我对此深信不疑了。金步甲的园地是如此的冷酷无情，一个悍妇只要自己有了身孕而无需情人时就吃掉后者！雄性被生殖法规当作了何物呢，竟然如此残忍地对待它们？

「好词好句」

来去自如

自由自在

*另外，这笼中困兽的日子并没有使它们觉得有多不安，看它们一直在海吃海喝，还每天不停地交尾寻欢，就充分证明了这一点。

*金步甲的园地是如此的冷酷无情，一个悍妇只要自己有了身孕而无需情人时就吃掉后者！

「名师点拨」

从作者的叙述中可以知道，在金步甲的世界中，这种残杀是一种约定俗成。但是，残忍的程度还是令人无法直视。

这种交尾过后便同类相残的现象是不是普遍现象呢？就现在来看，我已经了解的昆虫中有三种就存在这种现象：螳螂、朗格多克蝎和金步甲。在飞蝗这个家族中，情况没有这么残忍，因为被吃掉的雄性是已经死了的而不是活着的。白额雌螽斯非常愿意一点一点地嚼已经死去的雄性的大腿，绿蚱蜢的情况也是这样。

这种情况在一定程度上和饮食习惯有关：白额螽斯和绿蚱蜢首先都是肉食者。遇到一个同类尸体，雌虫总是要或多或少咬上几口的，不论它是不是其昨夜旧欢。猎物就是猎物，没有什么旧欢不旧欢的。

但是某些素食者也存在这种情况，这到底是怎么回事呢？产卵期临近的时候，雌性螽斯竟然对它那还健健康康的雄性同伴下手，撕开情郎的肚子，大吃一顿，直到吃饱为止。一向温柔可爱的雌性蟋蟀性情会突然变得残暴，会把刚刚还给它演奏动情的小夜曲的雄性蟋蟀扑倒在地，撕咬其翅膀，打碎它的小乐器，甚至还对乐器手咬上几口。所以，极有可能这种雌性在交尾之后对雄性大开杀戒的场景是十分常见的，特别是在食肉昆虫中间。它们这种残酷的习性到底是由什么原因造成的呢？如果条件具备的话我一定会将它弄个水落石出。

「好词好句」
普遍
健健康康
* 一向温柔可爱的雌性蟋蟀性情会突然变得残暴，会把刚刚还给它演奏动情的小夜曲的雄性蟋蟀扑倒在地，撕咬其翅膀，打碎它的小乐器，甚至还对乐器手咬上几口。

「哲理名言」
猎物就是猎物，没有什么旧欢不旧欢的。

■名家品评

本篇文章为我们讲述了金步甲界的一个骇人听闻的习俗。雌金步甲残暴地将雄金步甲开膛破肚、掏空内脏，这种行为不禁令人发指。但作者同时也告诉我们，在昆虫世界，存在相互残杀现象的昆虫还不止这一种，究其原因，作者最终也没有确切的答案。由此可见，对于自然界，还有太多的未知等着我们去探索。

阅读思考

1. 金步甲的相互残杀是不是因为缺少食物？

3. 雌性金步甲是怎样攻击雄性金步甲的？

3. 面对雌性金步甲的攻击，雄性金步甲为何不反击？

隧　蜂

隧蜂是一种非常常见的昆虫，同时也是一种勤劳的昆虫。在本文中还引入了另外一种昆虫——一种连作者也叫不上名的昆虫，我们暂且叫它小飞蝇。那么，小飞蝇和隧蜂之间存在着什么关系呢，它们是好朋友吗？小飞蝇飞入隧蜂的洞里做什么？走进文章，寻找答案吧！

你熟悉隧蜂吗？大概不熟悉吧，不过这也无碍：就算不熟悉隧蜂，照样能够品尝人生的种种温馨甜蜜。但是，若是你有兴趣去了解，那么此类不显眼的昆虫却会告诉你许多奇闻怪事，并且，若是你想对这个纷繁复杂的世界有更多了解的话，不妨跟隧蜂打个交道，并非一件让人鄙夷不屑的事。既然我们现在拥有空闲的时间，那就熟悉熟悉它们吧，我们能够从中得到不小的收获。

「专家解疑」
温馨：温和芳香；温暖。
鄙夷：轻视；看不起。

如何来识别它们呢？它们属于一些酿蜜工匠，体形一般比较纤细，相比我们蜂箱中所养的蜜蜂而言，更加修长。它们成群结队地生活在一块儿，身材以及体色又各不相同。有的比一般的胡蜂个头儿要大些，有的又如同家养的蜜蜂相同大小，有的还要更小一些。如此多种多样，会使无经验的人束手无策，只是，有一个特征是永远无法改变的，任何隧蜂均可清晰可辨地烙有本品种的印记。

「专家解疑」束手无策：形容一点儿办法也没有。

你瞧瞧隧蜂肚腹背面腹尖上那最后一道腹环。它上面存在一道光滑明亮的细沟。在隧蜂处于防卫状态时，细沟便会忽上忽下地滑动。这条似出鞘兵器的滑动槽沟能够确认它是不是隧蜂家族成员之一，毋庸再去辨别它的体形、体色。在针管昆虫类中，另外任何蜂类都没有这种新颖独特的滑动槽沟。这便是隧蜂的最明显标记，仿佛隧蜂家族的族徽。

「好词好句」光滑明亮
新颖独特
*带着阳光以及鲜花的五月到来了，四月里的挖土工眼下变成为采花工。

四月之时，工程小心翼翼地开始了，若非一些新土小包的话，外部是一点儿也看不出的，外面工地上没有任何动静。工匠们很少跑到地面上，因为它们在井下非常忙碌地工作着。不时某些地方会有如此一个小土包的顶端晃动起来，随即就顺着圆锥体的坡面滑落下去，这是某个工匠做成的，它将清理的杂物抱出来往土包上推，不过它自己并没有露出地面。眼下，隧蜂仅仅忙着这种事。

「名师点拨」此处作者详细描写了隧蜂在地下筑巢的工作，从中可以看出隧蜂的勤劳和细心，作者“小心翼翼”一词用得可谓十分生动。

带着阳光以及鲜花的五月到来了，四月里的挖土工眼下变成为采花工。我无论什么时候都能够看见它们待在开了天窗的小土包顶上，每个身上均沾满了黄花粉。个头最大的是斑纹蜂，我常

常看见它们在我家花园小径上筑巢造窝。我们详细地观察一下斑纹蜂。每当储藏食物的活计工作起来的时候，总会冷不丁地来这么一位不速之客与它们分享食物。它将使我们目睹什么是强抢豪夺。

「专家解疑」不速之客：指没有邀请而自己来的客人（速：邀请）。

稠密：多而密。

不动声色：内心活动不从语气和神态上表现出来，形容态度镇静。

五月时分，上午十点钟上下，在储备粮食的工作干得正欢时，我天天都会去察看一番我那人口稠密的昆虫小镇。我于太阳地里，坐在一把矮小椅子上，猫着腰，两臂支膝，不动声色地观看着，直至午饭以后。

吸引我注意的是一个吃白食者，是一种喊不上名字的小飞虫，不过却是隧蜂的凶狠的暴君。这歹徒会有名姓吗？我想肯定是有的，只是我却不想浪费时间去查询此种对读者来说并没有什么意义的事情。花费时间去弄清枯燥的昆虫分类词典上的解释，倒不如将清楚明白的叙述事实提供给读者为好。我只需简单描绘一下这个罪犯的体貌特征便可以了。这是一种长约五毫米的双翅目昆虫，胸廓深灰色，面色净白，眼睛深红，上面有五行细小黑点，黑点上长有后倾的纤毛，腹部为浅灰色，腹下方苍白，爪子为黑色。

「好词好句」净白

*它经常蜷缩着静候在一个地穴附近的阳光下，只要隧蜂满载而归，爪上沾满黄色花粉之时，它就会冲上前去尾随着隧蜂，前后左右地飞来绕去、紧追不放。

在我所观看的隧蜂中，它的数量非常多。它经常蜷缩着静候在一个地穴附近的阳光下，只要隧蜂满载而归，爪上沾满黄色花粉之时，它就会冲上前去尾随着隧蜂，前后左右地飞来绕去、紧追不放。最终，隧蜂忽然钻入自家洞中，这双翅目食客便随即迅速落在洞穴入口附近。它头朝着洞门纹丝不动地静候着隧蜂干完自己的活计。隧蜂最终又露面了，头以及胸廓探出洞穴，在自家门前犹豫片刻。那吃白食者依旧纹丝不动。

它们经常是不动声色地面对着面，相隔不到一指宽。隧蜂并未戒备伺机偷食的食客，至少我们从它平静的外表上无法看出来。而食客也丝毫没有担心自己的妄行会惹来怎样的惩罚。面对一根指头就能将它压扁的巨人，这个侏儒却依旧岿然不动。

我本想看到双方有哪一方表现出胆怯来，但未能如愿：没有任何迹象表明隧蜂已知自己家里有遭到打劫之虞，而食客也没有流露出任何因会遭到严厉惩处而应有的顾忌。打劫者与受害者双方只是互视了片刻而已。

体形巨大的宽宏大量的隧蜂只要自己愿意，就可以用其利爪把这个毁其家园的小强盗给开膛破肚了，可以用大颚压碎它，用螯针扎透它，但隧蜂压根儿就不屑于此，任由那个小强盗血红着眼睛一动不动地盯住自己的宅门。隧蜂为什么要表现出这种貌似愚蠢的宽厚呢？

隧蜂飞走了，小飞蝇立刻大大方方地飞进洞去。现在，它可以随意地在储藏室里挑选了，因为所有的储藏室都是敞开着的，它甚至还趁机建造了自己的产卵室。在隧蜂让自己爪子上沾满花粉，胃囊中饱含了糖汁归来之前，没有谁会打扰它，因为隧蜂要做完这些事是需要很多时间的，而私闯民宅者要干坏事也必须有

「专家解疑」

纹丝不动：一点儿也不动。

岿然：高大独立的样子。

胆怯：胆小；缺少勇气。

「名师点拨」

此处作者将小飞蝇的盗窃行动描写得惟妙惟肖，犯罪时间计算得如此精准，可以看出小飞蝇的聪敏和狡猾。

充裕的时间。但罪犯的计时器非常精确，能准确地计算出隧蜂在外面的时间。当隧蜂从野外返回时，小飞蝇已经逃之夭夭了。它飞落在离洞穴不远的地方，占据一个有利位置，伺机再次打劫。

一只小飞蝇正在打劫时，被隧蜂突然撞见，会发生怎样难以想象的情况呢？我看见一只大胆的小飞蝇跟随隧蜂钻入洞内，并待了一段时间，而隧蜂正忙着调制花粉和蜜糖。当隧蜂掺兑甜面团时，小飞蝇尚无法享用，于是它便飞出洞外，静候在洞旁。小飞蝇回到太阳地里，并无惧色，步履平稳，这明显地表明它在隧蜂的洞穴深处并未遇到什么麻烦事。

「专家解疑」调制：调配制作。
步履：①行走。②指脚步。
泰然自若：形容镇定，毫不在意的样子。

如果小飞蝇太急功近利，围着糕点转个不停，那它后颈上准会挨上一巴掌，这是糕点主人会有的举动，但也仅此而已。盗贼与被偷盗者之间并未起严重的冲突。这一点，从侏儒步履平稳地在忙碌的巨人洞穴里全身而退，泰然自若地飞出的样子上就可以看得出来。

「名师点拨」作者在这里再次证实了，在应付偷盗者方面，隧蜂有些愚笨，甚至在找寻自己家门时，隧蜂都要花费一番工夫，虽然作者分析了种种客观原因，但显然与不高的智商有直接关系。

当隧蜂无论是满载而归还是一无所获地回到自己家中时，总要迟疑片刻，它迅速地贴着地面前后左右地飞上一阵。它的这种无规则飞行让我首先想到的是，它在试图以一种凌乱的轨迹迷惑偷盗者。它确实有这样做的必要，但它似乎并没有那么高的智商。它所担心的并非敌人，而是寻找自家宅门时的困难，因为附近相似、重叠的小土包容易混淆它的视线。昆虫小镇街小巷窄，再加上每天都有新的杂物清理出来，小镇面貌日日翻新。它的犹豫不决显而易见，因为它经常摸错门，闯到别人家中。一看到门口的细微差异，它立刻知道自己走错门了。于是，它重又努力地开始弯来绕去地探查，有时突然飞得稍远一点。最后终于摸到自家宅穴。它喜不自胜地钻了进去，但是，不管它钻得有多快，小飞蝇还是待在其宅门附近，脸冲着其门口，等待着隧蜂飞出来后好进去偷蜜。

当屋主再次出门时，小飞蝇则略微退后一些，正好留出一条让对方通过的巷道，仅此而已。它干吗要多挪地方呀？二者相遇是如此的相安无事，所以如果不知道一些其他情况的话，你是想不到这是窃贼与屋主间的狭路相逢。

小飞蝇对隧蜂的突然出现并没有惊慌失措，它只是稍加留心而已。同样，隧蜂也没在意这个打劫它的强盗，除非后者跟它纠缠不清。这时，隧蜂一个急转弯就飞远了。吃白食者此刻也处于两难境地。隧蜂带回的甜汁在其嗉囊中，花粉沾在爪钳里，盗贼无法吃到甜汁，粉末状的花粉尚未定型，进不了口。再说，这一点点花粉也不够塞牙缝的。为了集腋成裘制成圆面包，隧蜂要多次外出采集花粉。必需的材料采集齐备之后，隧蜂便用大颚尖掺和搅拌，再用爪子将和好的面团制成小丸。如果小飞蝇在做小丸的材料上产卵，那么经过一番揉捏，就肯定完蛋了。所以，小飞蝇的卵将是产在做好的面包上面的。因为面包的制作是在地下完成的，吃白食者就必须进入隧蜂的洞宅之中。小飞蝇贼胆包天，

「好词好句」

相安无事

惊慌失措

*二者相遇是如此的相安无事，所以如果不知道一些其他情况的话，你是想不到这是窃贼与屋主间的狭路相逢。

*隧蜂带回时甜汁在其嗉囊中，花粉沾在爪钳里，盗贼无法吃到甜汁，粉末状的花粉尚未定型，进不了口。

「专家解疑」

集腋成裘(qiú)：狐狸腋下的皮虽然很小，但是聚集起来就能缝成一件皮袍。比喻积少成多。

果真钻了下去，就连隧蜂身在洞中也全然不顾。失主要么是胆小怕事，要么是愚蠢宽容，竟然任窃贼为所欲为。

「专家解疑」损人利己：使别人受到损失而使自己得到好处。

小飞蝇悉心窥探、私闯民宅的目的并不是想损人利己、不劳而获。它自己就可以毫不费力地在花朵上找到吃的，这比它暗地里去偷抢省事得多。我在想，它跑到隧蜂洞中不只是想粗略地品尝一下食品，了解一下食物的质量而已。*它的宏大的、唯一的要事就是建立自己的家庭。它窃取财富并非为了自己，而是为了自己的后代。*

「智慧引路」无论是自然界里的动物还是人类，父母对子女的爱都是伟大的。所以，小朋友们要学会感激父母的爱，长大后更要记得回报父母，做一个孝顺的儿女。

我们把花粉面包挖出来看看。会发现这些花粉面包经常被糟蹋成碎末状，散落在储藏室地板上的黄色粉末里，我们会看见蠕动着的两三条尖嘴蛆虫。那是双翅目昆虫的后代。

有时与蛆虫在一起的还有真正的主人——隧蜂的幼虫，但它却因吃不饱而孱弱不堪。蛆虫虽然不虐待隧蜂幼虫，但却抢食了后者最好的食物。隧蜂幼虫食不果腹，身体每况愈下，很快便可怜兮兮地倒下了。尸体也变成了微小颗粒，与剩下的食物混在一起，沦为蛆虫的口中之物。

「名师点拨」从作者的描述中可以看到，隧蜂妈妈是有足够的能力来保护子女的，但它们却并不聪明，正是因为这一点，所以才令子女不幸丧命。

然而隧蜂妈妈在孩子遭难之时都做了些什么呢？它随时可以看看自己的宝宝，只要探头进洞，便可清楚地知晓孩子们的惨状。蛆虫在一地被糟蹋的面包里钻来钻去，稍看一眼就会明白到底发生了什么事。倘使如此它非把这些窃贼子孙弄个肚破肠穿不可！用大颚把它们咬碎，扔出洞外是轻而易举的事。可是愚蠢的妈妈竟然没有想到这么做，反而任由鸠占鹊巢者逍遥法外。

隧蜂妈妈随后干的事更是愚蠢。成蛹期到来之后，隧蜂妈妈竟然把被洗劫一空的储藏室像封堵其他各室一样用泥盖封堵严实。这最后的壁垒对于正在变形期的隧蜂幼虫来说是绝妙的防护措施，但是当小飞蝇光临之后，它这么一堵，可谓荒唐透顶。隧蜂妈妈却乐此不疲地进行着它的荒唐之举，这纯粹是本能使然，它竟然还把这个空房给贴上封条。我之所以说是空房，是因为狡猾的蛆虫在吃光了所有食物之后，立即抽身潜逃了，仿佛预见到日后的小飞蝇会遇到一道无法逾越的屏障似的。在隧蜂妈妈封门之前，它们就已经离开了储藏室。

「专家解疑」荒唐：①（思想、言行）错误到使人觉得奇怪的程度。②（行为）放荡，没有节制。乐此不疲：因喜欢做某件事而不知疲倦。形容对某事特别爱好而沉浸其中。

吃白食者既小心谨慎又阴险狡诈。所有的蛆虫都会放弃那些黏土小屋，因为这些小屋一旦堵上，它们便会被葬身其中。黏土小屋的内壁有波状防水涂层，以防返潮，小飞蝇幼虫的表皮非常娇嫩敏感，似乎对这种理想的栖身之地倍感舒适，然而蛆虫却并不喜欢。它们担心一旦变成小飞蝇，就会被困其中，所以及时抽身，分散在升降井附近。

「名师点拨」从作者列举的这个事例就可以清楚地看出，与隧蜂的愚蠢相比，白食者有多么聪明和狡诈。

我挖到的小飞蝇确实都在小屋外面，小屋里面从未出现过它们的身影。我发现它们一个一个都挤在黏土里的一个窄小的窝儿内，那是它们还是蛆虫时移居到此后营建的。第二年春天出土期到来时，成虫只需从碎土中挤出去就能到达地面了，这一点十分容易。

吃白食者这样迫不得已地搬迁还有另外一个十分重要的原因。七月里，隧蜂要进行第二次生育。而双翅目的小飞蝇却只生育一次，其后代此时尚处于蛹的状态，只等来年变为成虫。采蜜的隧蜂妈妈又开始在家乡小镇忙着采蜜，它直接利用春天建筑的竖井和小屋，这可大大地节约了时间！精心构筑的竖井房舍全都完好如初，只需稍加修缮便可交付使用。

「好词好句」
风吹日晒
搜查
*采蜜的隧蜂妈妈又开始在家乡小镇忙着采蜜，它直接利用春天建筑的竖井和小屋，这可大大地节约了时间！
*为了避免这双重危险，在屋门封堵前，在七月里隧蜂清扫洞宅前，它便首先逃离险境。

如果天性喜欢干净的隧蜂在打扫房间时发现一只蝇蛹会怎样呢？它会把这个碍事的玩意儿当作建筑废料给处理掉。它会把这玩意儿用大颚夹起，也许把它夹碎，搬到洞外，扔进废物堆中。蝇蛹被扔到洞外，被风吹日晒，必死无疑。

我很钦佩蛆虫的目光高远，不求一时之快，而谋求长远的安然无恙。有两个危险在威胁着它：一为被堵死在牢中，纵使变成飞蝇也很难飞出洞去；二为在隧蜂修缮宅子时把它连同垃圾一起扔到洞外，丢尸荒野。为了避免这双重危险，在屋门封堵前，在七月里隧蜂清扫洞宅前，它便首先逃离险境。

「专家解疑」
安然无恙：原指人平安没有疾病，后泛指平平安安没有受到任何损伤。

我们现在来瞧一瞧吃白食者最后的情况。在整整半年里，在隧蜂清闲的时候，我对我那昆虫众多的昆虫小镇进行了全面的搜查，一共有五十多个洞穴。地下发生的惨案没有一件逃离我的眼睛。我们总共四个人，把手当成筛，使挖出的土从手指缝中轻轻地筛下去。四个人一个连着一个地连续检查。检查的结果让人心酸，我们竟没有发现一只隧蜂的虫蛹。这聚集着隧蜂的街区，居民全都被双翅目昆虫取代了。后者为蛹状，多得不以数计，我将它们收集起来，便于观察它的进化过程。

昆虫的生活季节完结了，原来的蛆虫已经在蛹壳内缩小、变硬，但那些棕红色的圆筒却依旧静止不动，它们是一些拥有潜在生命力的种子。七月里似火的骄阳也无法将它们从沉睡中唤醒，在这一个隧蜂第二代出生期的月份里，宛若上帝颁发了一道休战圣谕：吃白食者停止休整，隧蜂和平劳动。如果敌对行动继续持续，夏天和春天时同样大开杀戒，那么深受其害的隧蜂或许就要绝种了。就是第二代隧蜂的这段养精蓄锐期，才让生态平衡得以保持下去。

四月份，当斑纹隧蜂在围墙内的小径上翩翩飞舞，寻求理想的挖洞建巢的地点时，吃白食者也在忙碌着化蛹成虫。呀！迫害者和受迫害者的历法是这样的精确，多么让人难以置信啊！隧蜂开始建巢的时候，小飞蝇早已准备就绪：其以饥饿假象迷惑、消灭对方的伎俩又重新上演了。

倘若这只是个孤立的个别现象，我们大可不必注意它：多一只隧蜂少一只隧蜂对生态平衡产生的影响并不大。然而事实并不是这样！用各种各样的方式进行杀戮掠夺已经在芸芸众生中横行无度了。自低级到高级的生物界中，凡是生产者都遭受到非生产者的剥削。人类以其特殊地位本应该超然于这些灾难之外，但却反倒成了这类弱肉强食残忍表现的最好诠释者。人心中在想：“做

「好词好句」

不以数计

宛若

*七月里似火的骄阳也无法将它们从沉睡中唤醒，在这一个隧蜂第二代出生期的月份里，宛若上帝颁发了一道休战圣谕：吃白食者停止休整，隧蜂和平劳动。

「专家解疑」

养精蓄锐：养足精神，积蓄力量。

就绪：事情安排妥当。

弱肉强食：指动物中弱者被强者吃掉，泛指弱者被强者欺凌、吞并。

生意即是弄别人的钱。”就像小飞蝇心里所想：“工作就是弄隧蜂的蜜。”为了更好地掠夺，人类创造了战争这类大规模屠杀以及以绞刑这种小型屠杀为荣的艺术。

人们每个周末在村中小教堂里唱诵的那个崇高的梦想：“光荣是属于至高无上的上帝，和平属于凡世人间的善良百姓！”我们永远也不会奢望它会实现。假若战争关系到的只是人类本身，那么将来也许还会为我们保存和平，因为那些慷慨大度的人都在致力于和平。然而，这灾祸在动物界却非常肆虐，但动物是冥顽不灵的，它永远也不会和你讲道理。既然这种灾难是普遍现象，那或许就是无法治愈的绝症了。

「专家解疑」
至高无上：最高；没有更高的。
不寒而栗：不寒冷而发抖，形容非常恐惧。
无坚不摧：没有任何坚固的东西不能摧毁，形容力量强大。

未来的生活令人不寒而栗，将和现在的生活一样，是一场永无休止的厮杀。因此，人们就会挖空心思，幻想出一个巨人来，他能将各个星球玩弄于股掌之中，他是无坚不摧的力量的代表，同时他也是正义和权力的化身。他知道我们在战争，在杀人抢掠，野蛮人在取得胜利；他明白我们持有炸药、炮弹、鱼雷艇、装甲车和不同种类的高级杀人武器；他还知道包括平民百姓在内的因贪婪而引起的可怕的竞争。那样的话，这个正义者，这个强有力的巨人，假若他用拇指按住地球的话，他会犹豫着不将地球按碎吗？

「哲理名言」
远古的信仰是有道理的，地球是一个生了虫的核桃，在被邪恶这只蛀虫啃咬。

他不会把地球按碎……但他会令事物顺其自然地发展下去。他心中或许会想：“远古的信仰是有道理的，地球是一个生了虫的核桃，在被邪恶这只蛀虫啃咬。这是一种野蛮的幼卵，是朝着更加宽容的命运发展的一个艰难时期。我们顺其自然吧，因为秩序以及正义总是排在最末位的。”

■名家品评

本章作者着重描绘了隧蜂与一个抢劫者的生活关系，同时借此抒发了对人性以及社会的感悟。人作为自然界物种中的一分子，也必须在自然规律下生活，没有人能越过这个规则。掠夺、战争，在人类社会中也是不可避免的，但是我们坚信，正义终能战胜邪恶。隧蜂虽然一时受到了掠夺，但是自然界还是给了隧蜂时间，让隧蜂得以繁殖，并且生生不息。

阅读思考

1. 隧蜂与蜜蜂有何区别？
2. 白食者长什么样子？
3. 小飞蝇幼虫栖息在哪里？

隧蜂门卫

隧蜂是一种非常勤劳的昆虫，它不停地翩飞在花间采蜜，同时，老年的隧蜂还是忠诚的门卫。那么，作为门卫的隧蜂，究竟有何英勇表现呢？又有哪些大胆狂徒试图侵犯隧蜂的巢穴呢？赶快走进文章，去看一看吧。

孤独的隧蜂在初春时节单独挖好的住所，到夏季来临时就成了全家人的共同财产。地下有大概一打的蜂房，但从这些蜂房里出来的都是雌蜂。这是我饲养的那三类隧蜂的共同规律：它们每年繁衍两代。春天出生的一代都是雌蜂，然而夏季出生的一代雌雄几乎相等。

「专家解疑」饥不择食：比喻急需的时候顾不得选择。

隧蜂家庭成员的缩减，并不是因事故造成的，而是由饥不择食的小飞蝇造成的。隧蜂一家有一打姐妹（仅是姐妹），每个都勤劳能干，并且不需要性伴侣便能生儿育女。此外，隧蜂妈妈的住处肯定不是一间破屋陋室：它住宅的主要部分是出入通道，清除一点瓦砾之后便能进出。这大大省下了隧蜂的宝贵时间。洞底的蜂房是一些几乎完好的黏土小屋，如果要用，仅需用细毛刷轻轻清理就行。那样的话，在幸存的有相同权利的雌蜂中，谁将会继承这所住宅呢？依照死亡的概率计算，继承者会有六七只或更多一点。隧蜂妈妈的住宅最后会花落谁家呢？它们之间根本不会为此吵闹。妈妈的宅子毫无争议地被认为是公共财产。隧蜂姐妹们自同一个通道安静地进进出出，与世无争地忙碌着各自手中的活儿。

「专家解疑」
概率：某种事件在同一条件下可能发生也可能不发生，表示发生的可能性大小的量叫作概率。
往来：①去和来。②互相访问；交际。

在洞的底端，每个隧蜂姐妹都拥有自己的一小块刚挖好的领地，因为旧的蜂房已被占有，目前的数量不够用了。在这些私有穴室中，每位隧蜂妈妈全在一旁干着活儿，守卫着自己的财产，死守自己的隐私。别的地方全都是可以自由往来的公共场所。

隧蜂进进出出忙碌的景象非常好看。一只采花粉的雌蜂自田野中归来，毛茸茸的爪子上沾满了花粉。假若洞门无蜂进出，它就会立马钻入地下去。在门口做瞬间停留都是徒劳无益的，因为工作不等人。

「名师点拨」
此处描写出了隧蜂的勤劳特性。它们忙碌地工作着，那场景在作者看来是好看的，其实令作者真正欣赏的是它们勤劳的美好品性。

偶尔会有几只相继飞来。由于通道过于狭小，容纳不了两只同时进出，尤其是要避免相互摩擦，挤掉了各自爪子上的花粉。于是离洞口最近的就赶紧钻入，别的隧蜂则在门口有序地排队等待进入。一旦第一只钻入地下，第二只就会紧随其后，接着第三只、第四只，一只只快捷地跟着钻入地下。

偶尔会遇见一只进一只出的情况。那么，要进去的就会稍往后退，令要出的先出去。礼让是互相的，我就看到过有一些隧蜂正要钻出地面，又返回去，把通道让给刚飞回来的隧蜂。大家的相互谦让倒是让行进更加顺畅起来。

「专家解疑」
谦让：谦虚地不肯担任，不肯接受或不肯占先。
持平：①公正；公平。②（与相对比的数量）保持相等。

我们再仔细地观察一番便能发现一种比这种进出的良好秩序更高级的操作方式。当一只隧蜂在花间采集回来时，我看见一种关闭屋门的活门忽然降了下去，使通道可以通行。当归来的隧蜂一钻进门里，活门又回升到原先的地方，几乎和地面持平，便又关上了。有隧蜂飞出来，活门也是同样操作。

活门自后面推顶，朝下降去，门便开启，隧蜂即可飞出。隧蜂一旦飞出来，门便又重新关上。这个在隧蜂每次飞进飞出的时候，在井坑圆柱体内像活塞似的升降开关自由的活门究竟是什么东西？这就是一只隧蜂，它已变成了宅子的守门人。它用自己的大脑袋在前厅上面构成一道无法逾越的障碍。假如宅子里有谁要进出，它便拉动绳子，退到通道的一处可以容下两只隧蜂的地方去。对方通过后，它就立刻回到洞口，使用脑袋堵住口。它动也不动，用眼光搜索着，只有在抓捕那些不知趣的家伙时它才离开自己的岗位。

「好词好句」
逾越
搜索
*它动也不动，用眼光搜索着，仅有在抓捕那些不知趣的家伙时它方才离开自己的岗位。

我们趁它飞出来抓捕猎物的短暂瞬间详细观察了一会儿。它看上去和其他正忙着采集花粉的隧蜂一样，可是，它早已秃顶，衣衫不整，没有一点儿光泽。在它半脱毛的背部，褐色和棕红相间的斑马纹腰带几乎完全丧失。它的这身因为长期劳作而磨损的

衣服明白无误地告知了我们一些情况：在洞口站岗放哨、看门守屋的这只隧蜂是年龄稍大的老者。它是这个住宅的缔造者，是现在正在忙着搜集花粉的隧蜂姐妹们的母亲，是目前还是幼虫的隧蜂们的外婆。三年之前，当它还正值花季少女的时候，它单独地拼命干活儿，累得筋疲力尽。目前，它的卵巢早已萎靡，也该休息了。不是，“休息”一词不应出现在这里。她依旧在劳作，在为这个家尽自己的绵薄之力。它已经失去了生儿育女的能力，于是当起了看门人。它为自己家人开门关门，把陌生人拒之门外。

「专家解疑」
花季：比喻人十五至十八岁青春期前后的年龄段。
绵薄：指自己薄弱的能力。

谨慎多疑的山羊羔从门缝望出去，对狼说道：“让我看看你的爪子，不然我就不开门。”隧蜂外婆同样谨慎多疑，它也会对来者说道：“让我瞧瞧你的隧蜂黄爪子，不然就不让你进来。”如果它认为来者不是自家人，那么它便将其困在洞外。

我们来看看一只蚂蚁路过洞穴附近的情况。蚂蚁是个厚颜无耻的亡命徒，它很想知道蜜的甜香味为何会从洞底下飘上来。隧蜂看门人脖子一扭，意思是说：“滚开，不然要你的命！”一般情况下这个威吓动作足以赶走蚂蚁了。*如果它还是赖着不走，隧蜂看门人便会飞出洞来，扑向胆大妄为的狂徒，推搡它、驱赶它。直到把它赶跑为止，之后隧蜂看门人便立刻回到哨位，继续尽忠职守。*

「智慧引路」
此处描写了隧蜂的另一个特性，那就是勇敢。面对前来的狂徒，守门的隧蜂没有丝毫畏惧之心，而是勇敢地与其斗争，直到胜利地赶走狂徒，这种勇敢的精神是值得小朋友们学习的。

现在我们来谈谈切叶蜂。切叶蜂不谙挖洞技巧，便学着同胞的样儿，使用一些别的蜂留下的旧通道。当春天的小飞蝇把隧蜂的地下通道掏得空空荡荡的时候，这通道对于切叶蜂来说就再合适不过了。切叶蜂在寻找一处可以堆放其用刺槐叶制作的羊袋皮似的住所时，经常绕着我的隧蜂小镇飞来飞去、寻寻觅觅。它发现了一个比较合适的洞穴，但是，在它落地之前，隧蜂看门人听见了它嗡嗡的叫声，从而察觉了它的到来，只见它突然飞出，在其门口做了几个手势。切叶蜂立刻就明白了，赶紧离去。

有时，切叶蜂趁机迅即落下，将头探入洞口。隧蜂看门人立即出现，脑袋稍稍抬起，把洞口堵住。于是出现了一种不太严重的对峙。外来者很快便明白这个洞穴已有主人，不可冒犯，也就不再坚持，另觅他处去了。

我曾亲眼看到一个老窃贼——寄生切叶蜂的媚态尖腹蜂，被猛烈地推搡了一阵儿。这个冒失鬼原以为自己钻入的是切叶蜂的住所，结果它弄错了，它遇上了隧蜂看门人，受到了严厉的惩戒。它赶忙溜之大吉，其他的那些或忙中出错，或蓄谋已久的闯入者也遭到了同样的下场。

隧蜂外婆们之间，也是同样水火不容。临近七月中旬，当隧蜂小镇热闹繁忙的时候，有两种隧蜂是很容易辨认的：年轻的隧蜂妈妈和隧蜂老媪。隧蜂妈妈数量更多，身轻体壮，衣着艳丽，不停地在田野与洞穴之间飞来飞去。而隧蜂老媪则面容枯槁，无精打采，懒散闲淡地从一个洞穴逛到另一个洞穴，让人觉得它好

「好词好句」
察觉
热闹繁忙
*切叶蜂在寻找一处可以堆放其用刺槐叶制作的羊袋皮似的住所时，经常绕着我的隧蜂小镇飞来飞去、寻寻觅觅。
*有时，切叶蜂趁机迅即落下，将头探入洞口。隧蜂看门人立即出现，脑袋稍稍抬起，把洞口堵住。

「名师点拨」
此处作者举了一个亲眼所见的实例，通过描写切叶蜂入侵，而最终只能狼狈而逃的事件，再次证实了隧蜂的英勇。

像迷失了方向，找不到自己的家门了。它们这样游来荡去的是怎么回事呢？我看见它们一个个都垂头丧气的，因为春天那可恶的小飞蝇干的好事它们已无家可归了。很多洞穴被扫荡一空。夏季来临，隧蜂妈妈只好孤身一人离开自己的那间空房子，去寻找一处有摇篮需看护，有岗要站的住宅。但是，这些幸福的家庭已经有了自己的守卫，亦即其创建者，它兢兢业业地紧握住自己手中的权力，对自己失业的邻居漠不关心。一个哨兵足矣，两个哨兵的话，哨位太小，容纳不下。

「专家解疑」垂头丧气：形容情绪低落、失望懊丧的神情。

兢兢业业：状态词。小心谨慎，认真负责。

漠不关心：形容对人或事物冷淡，一点儿也不关心。

我偶尔还能看到两位隧蜂外婆在争吵。当寻找职业的游荡者突然来到大门前的时候，合法的那位看守者不像见到自己的孩子从田野回来那样，退回到过道里去。它严阵以待绝不让出通道，并用爪子和大颚进行威胁。对方也不示弱，一副分不出高低不罢手的姿态。于是双方便推搡起来，争斗以外来者的失败而告终。失败者只好去别处寻衅滋事去了。

「名师点拨」为了获得一份职位，两位隧蜂外婆着实进行了一番较量。从中我们可以悟到，胜利最终只属于强者，想要做强者，就必须拥有过人的实力。

这些小场景让我们从斑马纹隧蜂的习性中隐约看到某些极有意思的细节。春季筑巢做窝的隧蜂妈妈一旦工程完工，就不再走出家门了。它要么隐于狭小肮脏的洞穴深处，全心全意地干些琐碎的家务活儿，要么懒洋洋地等待着孩子们出世。夏日炎炎，隧蜂小镇再次繁忙之时，它不必再到外面采集花粉，只需在前厅入口处站岗放哨即可，它只允许自己外出劳作的孩子们进入，不许其他别有用心的歹徒存有非分之想。没有隧蜂外婆的许可，谁也甭想入内。

没有任何迹象可以证明这个警惕的门卫擅离职守过。我从未见过它离开家门，去花间大快朵颐，借以恢复体力。它年事已高，只能胜任这类看家护院的活儿了。也许用不着吃什么东西，也许孩子们采集归来，时不时地从自己的胃囊中吐出一点儿来给它。不管吃与不吃，反正是隧蜂外婆不再出门了。

但是，它却需要享有天伦之乐。它们当中有许多已经失去了自己的家庭，双翅目小飞蝇把它们的家洗劫一空。被洗劫者们只好离开它那已空空荡荡的洞穴，衣衫褴褛忧心忡忡地在隧蜂小镇四处游荡。它们并未走远，更多的时候待在原地一动不动。它们因而变得脾气暴躁，粗暴地对待他人，竭力赶走别人。它们就这样一天一天地衰老、逝去。它们的下场是什么？小灰蜥蜴一直在窥视着它们，最后拿它们饱了口福。

那些安居于自己领地中、看守着自己孩子们的制蜜作坊的隧蜂，始终保持着高度的警惕，一丝不苟。我越是了解它们，就越发钦佩它们。凉爽的清晨，采集花粉的隧蜂们因找不到被太阳晒熟的花粉而闭门不出时，我就看见隧蜂门卫待在通道上端入口的自己的岗位上。它们动也不动地待在那儿，脑袋堵住入口与地面持平，以防外来者侵入。如果我近距离地观察它们，它们就稍稍后退，在暗处等着我这个不速之客离去。

上午八点至十二点，采集高峰时，我又来观察。由于采集女

「专家解疑」

天伦之乐：指家庭中亲人团聚的快乐。

忧心忡忡：形容忧愁不安的样子。

「好词好句」

窥视

钦佩

*那些安居于自己领地中、看守着自己孩子们的制蜜作坊的隧蜂，始终保持着高度的警惕，一丝不苟。

*凉爽的清晨，采集花粉的隧蜂们因找不到被太阳晒熟的花粉而闭门不出时，我就看见隧蜂门卫待在通道上端入口的自己的岗位上。

工们进进出出，一片繁忙，我就看见那扇门开开关关地忙个不停。这时是隧蜂门卫最紧张最累的时刻。

「名师点拨」隧蜂的恪尽职守在这里显得更加突出，即使天气已经非常炎热，但守门人并没有离开自己的岗位，由此不得不令我们心生敬佩。

午后的天气过热，花粉采集工们不再去田间野地了。它们钻进住宅底部，油漆新建的蜂房，制造供虫卵所需的圆面包。隧蜂外婆一直留在上面，用它光秃秃的小脑瓜来顶住大门。不论天气炎热到什么程度，门卫也不会有午休的机会，因为它必须保证全家人的安全。

夜幕降临或许时间更迟些，我再一次回来观察。我提着灯来观察这隧蜂门卫是否依旧和白天一样尽忠职守。其他的隧蜂都在梦乡中了，然而却没有门卫，它明显地是在惧怕夜间或许会出现的危险，而这些危险仅有它自己才清楚。那么它最后会不会回到下一层的安静处去呢？这种情形是可能发生的，因为在做完一段长时间聚精会神地保卫家园的工作后，人会觉得非常疲乏，需要休息休息。

「专家解疑」
聚精会神：集中精神；集中注意力。
恪尽职守：谨慎认真地做好本职工作。
胆大妄为：毫无顾忌地胡作非为。

显而易见，像这样恪尽职守地守护着洞穴就可以避免类似五月那使家庭成员大幅度减少的灾难发生。这使盗窃隧蜂面包的窃贼小飞蝇会来试试看！它的冥顽不灵，它的胆大妄为绝对逃不过一直高度警惕着的门卫的，后者稍加威胁就会吓得它落荒而逃，如果来犯者执意不走，那肯定会被门卫用大钳夹个粉碎。这做贼的小飞蝇此后是再不会来了，这点我们大家已经明白：在春回大地前，它们都待在地下，处在蛹的状态。

然而，即使没有了小飞蝇，但在蝇科这种低下阶层中，还有别的一些窃取他人财富者。这些东西无恶不作。但是，七月份，我在各个洞穴附近查看时就没有撞到一只。这群混账东西真是暗中偷盗的能人！它们明白隧蜂门口有门卫在把守着！对它们来说，今天是寻找不到合适的机会了，因此蝇科昆虫一直都没有在这里出现，以前发生在春天的那类灾难没有再次发生。

隧蜂外婆因年龄太大了免除了做母亲的忧愁，专司守护大门、保卫一家老小的职责，这告知我们在本能起源中突然出现的一些事。隧蜂外婆向我们展示了一种突如其来的才干。而此类才能，不论是在它自己过去的行为举止中还是在它女儿们的一举一动中都是没有任何东西令我们可以猜想出来的。

从前，残暴的小飞蝇就在它面前闯入它的家园，也许更加常常发生的是，每当遇见小飞蝇来到入口，和它当面对峙时，愚蠢的隧蜂竟然动也不动，甚至都没有恐吓一下红眼的强盗，然而它本可以轻松地制伏这个小侏儒。它这是被恐吓住了吗？不会的，因为它依旧好像没事似的忙着自己的事情；不会的，因为强者不会就这样被弱者吓倒的。这是因为它对来临的大祸并不知晓，这是由于它愚不可及。

但是今日，这个三个月前还愚昧无知的隧蜂无师自通地深入了解到了危机所在。所有外来者，只要出现，不论个头大小，不管哪一种属，全都拒之门外。假若肢体的恐吓无济于事的话，隧

「专家解疑」

无恶不作：没有哪样坏事不干，形容人极坏。

突如其来：突然发生（突如：突然）。

无师自通：没有老师传授指导，靠自己学习专研而通晓（某种知识技能）。

「好词好句」

对峙

知晓

*它这是被恐吓住了吗？不会的，因为它依旧好像没事似的忙着自己的事情；不会的，因为强者不会就这样被弱者吓倒的。

蜂门卫便会冲出洞外，冲向无赖之徒。先前的懦夫现在成了勇士。

「专家解疑」逆转：向相反的方向或坏的方面转变；倒转。

灭门：一家人都被杀害；一家人全死光。

一如既往：完全跟过去一样。

为何会出现这类180度的大逆转呢？我倒希望这是由于隧蜂汲取了春天灾难的教训，所以开始防患危险了；我也很想赞美它是受到经验教训的启迪转而学会担当门卫的重任。然而，我的想法完全错了。如果说隧蜂是因为一点点的进步，终于学会了安排门卫来看守家园的话，那又怎样会对窃贼的担心时有时无呢？五月的时候，它独自一人，的确无法长期把守大门；生活的首件要事便是做家务活儿。可是，从它惨遭灭门之灾之日起，它起码应该了解这种寄生虫——小飞蝇，并且当后者时时刻刻几乎都在自己的前爪下转悠，甚至跑到自己家里来时，它起码应该将窃贼赶跑才对，但它并没有那样做。

「哲理名言」动物和我们人一样，有自己的快乐，也有着自己的悲哀。它狂热地享受着欢乐，却极少担忧不幸的降临，不管怎么说，这便是动物尽享生活的最佳方式。

所以，祖辈的深重苦难并没有让后代的平和性格有任何本质的转变，而它亲身经历过的苦难与它七月里突然的警觉也没有一点关系。动物和我们人一样，有自己的快乐，也有着自己的悲哀。它狂热地享受着欢乐，却极少担忧不幸的降临，不管怎么说，这便是动物尽享生活的最佳方式。为了减少苦难和保卫家族，动物有本能的启示，不需要凭什么经验或教训，隧蜂于是就此设立了一个门卫之职。

准备足够的粮食后，隧蜂就不再外出去采集花粉了，而每当此时，隧蜂外婆依旧一如既往地保持着警惕，严守自己门卫的岗位。最后的准备工作也在地下洞穴中进行，这关系到一窝小隧蜂。

每个蜂巢紧闭着，洞口大门将始终严密地把守着，直至所有的一切全部结束。接着，隧蜂外婆以及隧蜂妈妈将离开家。它们一生尽职尽责，将去往我不知道的某些地方默默地死掉。

从九月开始，第二代隧蜂就开始出现了，不仅有雌蜂，还有雄蜂。

■名家品评

本篇故事为我们介绍了英勇的门卫——隧蜂外婆，它们虽然已经年迈，但精神和战斗状态却是惊人的。无论是厚颜无耻的蚂蚁，还是曾经那个有恃无恐的白食者小飞蝇，隧蜂外婆都给予了坚决的打击。通过这个故事，我们不能不对隧蜂外婆由衷钦佩，同时，也让我们懂得了勇敢、忠诚、责任的高尚品质，我们每一个人都应该学习这种品质。

阅读思考

1. 活门升降开关的秘密是什么？

2. 切叶蜂为什么要寻找隧蜂的旧通道做巢穴？

朗格多克蝎的家庭

法国著名的微生物学家、化学家巴斯德来拜访作者，并向作者请教了蚕的一些知识。那么，巴斯德对蚕究竟有多少了解呢？作者又是如何看待这位学者的“无知”呢？朗格多克蝎又是一种什么样的昆虫呢？它们为何将小蝎背在身上呢？仔细阅读下文，找到答案吧。

拿科学书籍去解决现实生活中的问题，没有太大的收获。此时，应该一丝不苟地对事实进行探究，这要比有着丰富藏书的书橱有用得多。大多时候，浑浑噩噩反倒是优势，由于拥有了随意思索的空间，便不会变得固执己见，反倒摆脱了“读死书，读书死”的危险处境。对此，我刚刚领悟出这个道理。

「专家解疑」
一丝不苟：连最细微的地方也不马虎，形容办事认真。
浑浑噩噩：形容无知无识、糊里糊涂的样子。

我在一篇论文里知道：九月里是朗格多克蝎的繁殖期——这是一篇某大师的解剖学论文。天哪！为何我却偏偏看过这篇论文呢！因为在我所处地区的气候环境里，朗格多克蝎生儿育女的时间可比九月份早得多。幸运的是，我并没有迷信那篇论文，不然的话恐怕我就要傻等九月的到来，并且最终一无所见。我苦苦观察三年，等得差不多失去了所有耐心以及精力，结果最终依旧没有如愿。环境并没有异常，但是我却没有任何理由地丢掉机会，毫无价值地浪费了一年时光，我几乎都想停下对这个问题的研究了。

的确，无知也许更有好处，丢开老路，就能发现新东西。我们一位有名的大师曾经这样教导过我，他就不太相信已知的课本知识。某一天，巴斯德路易斯·巴斯德（1822~1895 年，法国微生物学家、化学家。他研究了微生物的类型、习性、营养、繁殖、作用等，奠定了工业微生物学和医学微生物学的基础，并开创了微生物生理学。）没有预约，突如其来地按我家的门铃，就是那位不久便将大名鼎鼎的巴斯德本人。我那时候已深知其名，我早已经拜读过这位学者的有关酒石酸不对称结构的作品了，我对他有关纤毛虫纲生殖问题的研究也怀有浓厚的兴趣。

每个时代都有它科学的奇思妙想。我们现今有进化论，但那个时候却有自生论。巴斯德借着自己人为决定其有菌无菌的烧瓶，依照自己那严谨而且简单的绝妙实验，将一个无理的谬论给完全推翻了，腐败物内部的一个冲突性化学反应能够根据这一谬论激发出生命来。

我知道那个被巴斯德成功地予以澄清的有争论的问题，所以我极其热情地欢迎了这位著名的来访者。他跑来找我最主要的是

「哲理名言」无知也许更有好处，丢开老路，就能发现新东西。

「专家解疑」拜读：敬辞，阅读。

谬论：荒谬的言论。

「名师点拨」此段叙述不仅写出了作者的谦虚态度，而且也从侧面反映出了巴斯德的谦虚，以及认真的求知态度。

想问我些问题。我能享受这份实不敢当的荣幸，该归功于我俩是物理和化学上面的同行身份。哎！我只是他一个小小的、默默无名的同行罢了！

巴斯德为了弄明白养蚕业而来巡视阿维尼翁地区。几年以来，每个养蚕场惶恐一片，被一些弄不清的灾害弄得凋敝不堪。蚕宝宝们不知原因地溃烂、变硬，变成了一些石灰膏壳的蚕仁硬皮豆了。蚕农们没有一点办法，眼看着自己主业的收成打了水漂儿，耗费如此多的心血以及钱财，最后却落得个把一屋一屋的蚕扔进肥料堆里的结局。

我们拿猖獗的灾害促膝长谈。话题开门见山："我想看一下蚕茧，"

来访者说道，“我从没有见过蚕茧，仅仅知道它的名字罢了。您可以帮我找一些来看看吗？”“这非常好办。我的房东就是做蚕茧生意的，我们住对门。请您等一会儿，我去帮您弄一些来。”我三步并作两步地跑去邻居家。我把衣服口袋里满满的蚕茧拿出来给大学者看。他拿起来一个，在指间翻来覆去地看，那种好奇劲儿，就好像我们在看一件来自天涯海角的奇珍异宝一样。他放在耳边摇了摇。“还响呢，”他非常惊奇地说，“内部有东西。”“当然有了。”“啥东西呀？”

“蚕蛹。”“啊，是蚕蛹？”“是一种木乃伊一样的东西，幼虫在里面渐渐变化，最后化成蝴蝶。”“在所有的蚕茧里面都有这个玩意儿吗？”“肯定，蚕吐丝结茧就是要保卫蛹的。”“呀！”

「好词好句」
天涯海角
奇珍异宝
*“蚕蛹。”“啊，是蚕蛹？”“是一种木乃伊一样的东西，幼虫在里面渐渐变化，最后化成蝴蝶。”

他没继续说什么，就将蚕茧装进衣兜里去了，大概等到空闲时去探究蚕蛹这个重大的新生物。他这份胸有成竹的非凡自信让我惊讶。巴斯德不清楚蚕、茧、蛹变形的常识，却前来帮蚕谋求新生。远古的体育教师们出场演出时是赤身裸体的。我们的这位同养蚕业灾害做斗争的神奇勇士和他们一样，奔向角斗场时也是一丝不挂的，也就是说他对自己即将拯救的那种昆虫连最起码的常识都没有。我对此惊讶不已，甚至为之叹服。

「专家解疑」
胸有成竹：比喻做事情之前已经有通盘的考虑。也说成竹在胸。
一丝不挂：形容赤身裸体。
蓦地：出乎意料地。

后来谈到的问题就不能令我惊奇了。那会儿，巴斯德还在研究以加温方式来提高酒水质量的问题。蓦地，他口风一转，对我

「专家解疑」
寒酸：①形容穷苦读书人的不大方的样子。②形容简陋或过于俭朴而显得不体面。
推脱：推卸。

「好词好句」
显而易见
赫赫有名
*假如说我的酒窖——那把旧椅子和拍着空空响的大肚坛子——没就利用加热来抑制发酵的问题发表看法的话，但是它却雄辩地谈到了我那位赫赫有名的来访者似乎并不了解的另一件事情。
*一种微生物逃过了他的眼睛，而且是最可怕的微生物中的一种：扼杀坚强意志的厄运这种微生物。

说：“去您的酒窖看看，行吗？”请他参观我的酒窖？那个寒酸简陋的酒窖？教师的那点儿可怜薪俸可买不起酒喝，我只喝得起自酿的劣质苹果酒——就是红糖加苹果丝封进坛子里发酵出来的酸涩液体！本人的酒窖！您要本人的酒窖！何不看看我的一桶桶陈年佳酿呀！我的酒窖，那也能称作酒窖？

异常窘迫的我只好不停地岔开话题，避免提到酒窖。然而他却坚持到底，对我说：“请带我参观你的酒窖。”他的坚持令我无法推脱。我用手指指厨房角落里的一把没有椅垫的椅子，上面放着一只大约十二升容量的大肚坛子。“先生，那就是我的酒窖！”“这就是您的酒窖？”“我没别的酒窖了。”“都在这儿了？”“唉！没错儿，您都看到了。”“啊！”他默然了。学者没有发表任何看法。显而易见，巴斯德并不知道这种平民百姓称之为“疯奶牛”的口味重的菜肴。假如说我的酒窖——那把旧椅子和拍着空空响的大肚坛子——没就利用加热来抑制发酵的问题发表看法的话，但是它却雄辩地谈到了我那位赫赫有名的来访者似乎并不了解的另一件事情。一种微生物逃过了他的眼睛，而且是最可怕的微生物中的一种：扼杀坚强意志的厄运这种微生物。

虽然出现了酒窖这令人扫兴的插曲，不过我还是对他那镇定自若的自信大加叹服。他对昆虫的蜕变丝毫不知，他是生平首次看到蚕茧，并获知这只茧里有点东西，那是未来蝴蝶的雏形。连我们南方农村小学一年级的小学生都清楚的事他却一点儿也不知道。但是，这个问了不少莫名其妙的问题的大专家，很快即将让养蚕场的卫生状况发生翻天覆地的变化，同样，他也将使医药和公共卫生产生革命性的变革。

不拘泥于细枝末节而凌驾于全局之上的思想是他的武器。于他而言，变形、幼虫、若虫、蚕茧、蛹壳、蛹虫以及昆虫学中数千种的小秘密有什么要紧的！在他思考的问题中，不知道这一切反而更好一些。这样，他的思绪就能更好地保持其独立见解，以及大胆的腾飞。

其行动摆脱了已知东西的羁绊，获得了更多的自由。受到巴斯德摇动蚕茧细听后的惊讶神态这绝佳范例的鼓励，我便立下了一个信条，把无知的这种方法运用在我对昆虫本能的研究上。我很少看书。与其我力所不能及费时耗力地翻阅书本和向别人讨教，倒不如自己坚持不懈地与我的研究对象亲密接触，直到让它们开口说话为止。我什么都不清楚。这样反倒更好，我的探询也就更加自由，可以根据已获知的启迪，今天从这个方面去探索，明天则进行逆向思维。如果我偶尔翻开一本书，我便有意地在自己的思绪中留下一个向怀疑大大敞开的空间，因为我所开垦的土地上长满了蒿草和荆棘。

因为不曾这样做过，我已浪费了将近一年的时间。因为当时过于相信书本，我在九月之前，没想过朗格多克蝎的家庭的出现，

「名师点拨」此处运用了对比的写作手法，小学生都清楚的事情，赫赫有名的巴斯德却一无所知，这种对比效果是强烈的。但是，这丝毫不能影响巴斯德的威望，以及他所带来的巨大变革。作者接下来就会指出，巴斯德的这种“无知”其实是无关紧要的。

「专家解疑」

讨教：请求人指教。

启迪：开导；启发。

但就在七月里我竟无意间发现了这个家庭。实际期与预见期的这段差距，我把它归之于气候差异造成的：我今天是在普罗旺斯进行观察，而曾为我提供信息的雷翁·迪弗尔则是在西班牙进行观察的。*就算这位大师是个大权威，我也应该对问题保有疑问。但我并没有这样做，也因此差点错失良机，幸而那普通的黑蝎子以前并不是这么告诉我有关它的家庭的。啊！巴斯德不知蚕蛹是怎么回事真是太好了！*

「智慧引路」作者因为过分相信权威，而差点错失良机，这就告诉小朋友们，要有质疑的态度。

普通黑蝎子比朗格多克蝎小巧、文静。我一直把它们养在一些小的大口瓶中，放在我工作室的桌子上，用作参照的蝎子。这些普通的瓶子不占地方，也便于观察，所以我每天都要看看它们。每天早晨，在开始往记录本上记录情况之前，我总要掀起为它们藏身用的硬纸板，看看前一天晚上是否有什么状况发生。天天这么观察在大玻璃笼子里就难以办到，因为大玻璃笼子里有许多的小格间，必须颇费周折，大动干戈才能逐一地进行检查，而且检查完之后再恢复原状也不容易。而用小的大口瓶装黑蝎，检查起来就易如反掌了。

「专家解疑」参照：参考并仿照（方法、经验等）。

某日，大约七月二十二日早晨六点钟光景，我眼前一亮，蓦地看到母蝎背着一群小蝎。我拿开了遮盖着大口瓶的硬纸板，这时，我出乎意料地看见了一群小蝎子，它们趴在母蝎子背上，仿佛给这只蝎子妈妈披上了一件白色短披风似的。一种成就感涌上心头，温馨、甜蜜而又满足，如此心境难得体会一次，往往是在

「名师点拨」此处运用了比喻的修辞手法，将趴在母蝎背上的小蝎子比喻成白色短披风，使画面变得更加生动，带给读者丰富的想象。

观察者间隔许久才会偶遇一次。有生以来，这种难得一见的场面我算是亲眼看到了。它刚刚生产完，分娩应该是在头天晚上，上一个白天它还毫无异状呢。

随后，喜讯接踵而至：次日，另一只黑蝎生产了；下一日，同时做了妈妈的是另外两只黑蝎。前后生产的有四只，完全出乎我的意料。有四个黑蝎家庭做伴，再加上数日的安静时光，我可以说是颇觉生活之惬意了。

好事连连，当我一发现小的大口瓶中有了重大收获之后，我便马上想到大玻璃笼子。我在思考朗格多克蝎是否会像黑蝎一样早熟。我顿生感悟，马上跑去查看，把笼中的二十五片瓦个个翻开。收获甚丰！我这把老骨头此刻马上觉着硬化的血管里燃烧起了二十岁的年轻人的热血。

在二十五块瓦片中的三块下面，我看到了带着自己家族的蝎妈妈们，一位蝎妈妈的孩子们已经长到一个星期大了，这是我后来不断观察才弄清楚的。另外两只刚分娩不久，就在头一天的夜里，这从蝎妈妈的大肚子下面依然精心保留着一些残留物就能够看得出来。我们一会儿将要瞅瞅这些残留物是怎么一回事。

七月逝去，八月九月也过去了，我再次没有所获。所以说，两种蝎子的生育期全部在七月下旬。七月份过去之后，一切都结束了。不过，大玻璃笼子里面养的那些蝎子中，还有一些母蝎同已经给我生过蝎宝宝的母蝎一样，肚子大大的。我原指望它们能

「好词好句」
有生以来
难得一见
*有四个黑蝎家庭做伴，再加上数日的安静时光，我可以说是颇觉生活之惬意了。
*我这把老骨头此刻马上觉着硬化的血管里燃烧起了二十岁的年轻人的热血。

「专家解疑」
分娩：①生小孩儿。②生幼畜。
指望：①一心期待；盼望。②所指望的；盼头。

给我添丁增口，因为种种迹象给了我这样的期盼。冬天来了，它们中谁也没有满足我的愿望。看上去马上就要实现的事情却拖到了来年，这再次说明妊娠期很漫长，特别是在低等生物中，这种情况十分罕见。

我把每只母蝎及其蝎宝宝移到能够仔细观察的狭小的容器里。早晨我去查看时，发现前一天夜里分娩的那些蝎妈妈肚子下面又藏着一部分小宝宝。我用一根草尖把蝎妈妈拨开来，在那堆尚未爬上母亲脊背的小宝宝中我发现了一些东西，它把我从书本上学到的有关这一问题的那一点点知识彻底地打翻了。据说，蝎子属于胎生，这种说法虽颇具学问但却缺乏准确性。实际上蝎子宝宝并非一生下来就是我们所熟知的样子。

「名师点拨」此处作者又通过一个亲身事例，说明了有时候书本知识不一定是正确的，那么，作者又发现了什么有趣的现象呢？接着往下看吧。

而这一点是可以讲出道理来的。如果小宝宝伸着钳子，张开爪子，蜷起尾巴，你让它怎么进入母蝎的通道呢？这种碍手碍脚的小宝宝永远也通不过母亲那狭窄的通道的。所以它出生时必须紧裹着，少占空间才行。

「专家解疑」碍手碍脚：妨碍别人做事。
悬浮：①固体微粒在流体的内部既不升上去也不沉下去。②飘浮。

母蝎腹下发现的残留物确实是一些卵，这些与解剖妊娠很长时间的卵巢所见到的卵一模一样。为节省空间，小宝宝紧缩成米状，尾巴贴在肚皮上，双钳回收胸前，足爪紧紧地贴于腰侧，这样椭圆形的小宝宝就可以顺利地滑出来了。它额头上有墨黑的点，那是它的眼睛。小宝宝悬浮于一滴透明的液体中，此刻那液体就是它的天地，它的大气层，外面由一层精巧的薄膜包裹着。

是的，那些残留物就是一些卵。分娩刚结束时，朗格多克蝎有三四十个卵，而黑蝎的卵则要稍微少一些。我去查看时已经太晚了，只赶上一个结尾。但是，所剩无几的卵也足以坚定我的看法。蝎子实际上是卵生的，只不过其卵孵化得非常快，母蝎刚一产下卵来，小宝宝便破卵而出了。

那么，小宝宝是怎样孵出来的呢？我有得天独厚的优势得以目睹这一过程。我发现蝎妈妈用大颚尖异常小心地挑起卵的薄膜，把它撕破，扯下，接着把它吞下。在此过程中母蝎非常慎重，活像爱心拳拳的母羊和母猫在舔食胎衣。虽然它们的器械说不上精良，然而小宝贝的娇嫩身体却毫无损伤，当然更不会残肢断体了。

我震惊极了：蝎子的母爱近于人类。回溯进化的开始，当世间第一只蝎子诞生时，酝酿在生命深处的这种对子女的爱心就已经深深地镌刻在了灵魂深处。就像尚未从休眠中醒来的种子，就像其时爬行动物与鱼类已拥有的、并很快也被鸟类与差不多所有昆虫所拥有的卵，这种子和卵从某种意义上说已经等同有机体了，也可以视为高等胎生动物的前兆。于是，动物诞生的最后阶段将在相对安全的母腹或腰间进行，而不是充满危机的外部或内部了。

生命的进化并不是循序渐进的，并不是从低级向高级一直向前。进化是跳跃、迂回的，某些时候是在进步，某些时候却是在倒退。

「好词好句」
所剩无几
得天独厚
*在此过程中母蝎非常慎重，活像爱心拳拳的母羊和母猫在舔食胎衣。虽然它们的器械说不上精良，然而小宝贝的娇嫩身体却毫无损伤，当然更不会残肢断体了。

「专家解疑」
酝酿：造酒的发酵过程，比喻做准备工作，如事先考虑、商量、相互协调等。
镌（juān）刻：雕刻。

「哲理名言」
大海时起时落。生命也是一片大海，只是比有水的大海越发高深莫测，它也有过潮起潮落。

「专家解疑」
软弱：①缺乏力气。②不坚强。
蜷缩：蜷曲而收缩。

大海时起时落。生命也是一片大海，只是比有水的大海越发高深莫测，它也有过潮起潮落。它还将会有潮起潮落吗？谁能说它有？谁又能说它没有？

假如母羊不想法用嘴唇把胎衣剥下并吞食掉，羊羔就永远不能从胎盘中出来。同样，蝎宝宝也需要母亲的帮助。我就曾见过一些蝎宝宝被黏膜粘住，在已经撕破了的卵囊中拼命地挣扎着扭来扭去，却无论如何也挣不出来。只有母亲的那一下牙咬才能让宝宝彻底解放。倘若认为宝宝在解放过程中也发挥了一点作用，那也是错误的。宝宝软弱无力，尽管它出生的袋子宛如洋葱片内壁皮膜般细薄，然而它就是挣脱不开这层细薄的皮膜。

雏鸡喙尖上有一个临时的硬茧，是供它破壳而出时啄壳用的。而蝎宝宝为了节省空间，是蜷缩成米粒状的。它死死地等待着蝎妈妈的外援。蝎妈妈努力地完成着自己的使命，分娩中附带排出的东西也被它全部清理掉，就连那些随之而出的未受孕的卵也被清理干净了。一点残肢碎片都见不着了，全都回到蝎妈妈的胃里去了，而产卵时占用的那块地方也都干干净净的。

现在，蝎宝宝被收拾得干干净净，欢蹦乱跳的。朗格多克蝎从头至尾长九毫米，通体雪白，而黑蝎长只四毫米。随着产后清洗完毕，蝎宝宝们一个个地往蝎妈妈背脊上爬去。它们沿着妈妈的双钳缓缓地往上爬。蝎妈妈把双钳贴地，以利于宝宝们攀登。宝宝们一个个紧紧挨挤着聚在一起，并无队形，但却在妈妈背上留下了一个覆盖层。它们用自己的小细爪子牢牢地攀附在上面。我用毛笔尖把它们扫下来而又不想碰伤这些细皮嫩肉的小家伙，还颇费一番周折呢！蝎妈妈背着小宝宝们时，双方谁都不动一下，这正是进行实验的最好时机。

*值得关注的一景是身披蝎宝宝们组成的白色短披风的蝎妈妈一动不动，尾巴高高地翘卷起来。假如我把一根麦秸移近蝎子一家，蝎妈妈会马上恶狠狠地竖起双钳，这种凶相只有在自卫时才显现出来。它竖起双臂作拳击状，钳子大张着，随时准备还击。它的尾巴翘着，挥动着，这在往常是难得一见的。*尾巴不能突然放平，要不然会带动背脊把背上的小宝宝们甩下一些来。拳头竖起就足以威胁敌人了，那架势勇猛、威武而又猝不及防。我对此并不觉得好奇。我拨弄下来一个小宝宝，把它移至其母面前，离开有一指宽的距离。蝎妈妈好像并不在意这个事故，它原就一动不动，这会儿仍旧纹丝不动。落下几个小家伙又有什么可惊慌的？

小家伙会自己想法摆脱困境的。掉下去的小蝎子举手蹬腿，焦急万分。接着突然发现妈妈的一只钳子就在自己面前，随之，便迅速地爬上去回到兄弟姐妹们的中间。它终于又回到了母亲宽

「专家解疑」

攀附：①附着东西往上爬。②比喻投靠有权势的人，以求高升。

细皮嫩肉：形容人的皮肤细嫩。

「智慧引路」

蝎妈妈对小蝎子的保护，其实和我们父母保护我们是一样的，如果我们遇到危险，父母也会像这样保护我们。

厚的脊背上，不过动作相当笨拙，与狼蛛的孩子们相差甚远，后者个个都是高空杂技的好手。规模更大的实验再次开始了。这一次我拨弄下来一部分小蝎子，小家伙们散落一地，但相距并不太远。它们犹豫了很长时间。正当它们转来转去不知如何是好的时候，蝎妈妈终于担心会发生什么不测了。它伸出胳膊——也就是它的两只钳子般的触角——合抱成一个半圆，将面前的沙子搂住，于是那些迷路的小蝎子就被它揽了回来。此时它很是“笨手笨脚”，压根儿没想宝宝们可能会有被自己压碎的危险。鸡婆咕咕一声叫，鸡崽立马往它翅膀下面钻，蝎妈妈用耙子耙呀耙，小蝎子就被归拢了回来。还好，所有落地的蝎崽儿全部毫发无损。回到蝎妈妈身前，这些小家伙就争先恐后地爬向妈妈身上，一眨眼就在妈妈背上集合好了。

「好词好句」

相差甚远

毫发无损

*它伸出胳膊——也就是它的两只钳子般的触角——合抱成一个半圆，将面前的沙子搂住，于是那些迷路的小蝎子就被它揽了回来。

*鸡婆咕咕一声叫，鸡崽立马往它翅膀下面钻，蝎妈妈用耙子耙呀耙，小蝎子就被归拢了回来。

就算不是自个儿的崽儿，蝎妈妈也不会另眼相待，而是视如己出地爱护它们。我用毛笔尖把一只蝎妈妈背上的蝎宝宝一股脑儿或一小半儿扫下来，弄到另一只蝎妈妈伸手可及的地方，后者也会把它们耙到自己面前，就像对待自己的亲骨肉似的，而且心甘情愿地让这些新来的小宝宝爬到自己的背上去。它似乎是要“收养”它们，假如“收养”一词不算过分野心勃勃的话。“收养”谈不上，那是狼蛛的事，因为它弄不明白哪个是自家的崽儿，因此凡是在自己爪子前面爬动的小狼蛛它都一股脑儿接收下来。

「名师点拨」

此处描写了蝎妈妈身上所体现出来的无私的母爱，即使不是自己的亲生孩子，它们同样会给予保护和照顾。但这其中还有一个很有趣的原因，究竟是什么呢？

我往往看到在地中海一带的常绿灌木丛中有背驮着小狼蛛们

的母狼蛛在遛弯儿，我一直也期盼着能看到母蝎也如此驮着小蝎子们转悠。不过，母蝎并不清楚这种休闲方式。只要做了妈妈，母蝎就会有段时间足不出户了。就算是在晚上，别的都外出嬉戏的时候，它也照样待着不出去。它把自己禁锢在自己的小屋里，不吃不喝，一门心思想着抚养子女。

「名师点拨」此处把母蝎伟大的母爱淋漓尽致地描绘了出来，“禁锢”“不吃不喝”两个词语更加凸显了这份母爱，读之不禁令人感动。

小宝宝们也的确弱不禁风，可以说它们必须经历第二次出生。它们正一动不动地准备着第二次诞生，它们对此并不陌生，如同由幼虫蜕变为成虫一样。虽然小蝎与成年蝎外貌如此相似，但轮廓线条不够清晰，仿佛是透过雾气看到的似的。我怀疑它们得脱去身上的衣服才能变得矫健，变得威武。

它们这第二次出生必须一动不动地待在母蝎背上一个星期。这时，“弃皮”（我不敢称之为“蜕皮”）完成了。这里之所以称之为“弃皮”，是因为这与真正的蜕皮有所不同，真正的蜕皮以后还要经历许多次。真正意义上的那几次蜕皮，是在胸廓上裂开一道缝，成虫从这唯一的一道裂缝中脱颖而出，把原来旧的空壳衣服扔掉。这空壳的形状与刚从中爬出来的蝎子一模一样，二者惟妙惟肖，难分伯仲。

「专家解疑」
脱颖而出：比喻人的才能全部显示出来。
惟妙惟肖：形容描写或模仿得非常好，非常逼真。
伯仲：指弟兄排行的次序，比喻不相上下的人或事物。

我们现在所看到的完全是另一码事。几只正在弃皮的小蝎子被我放在一块玻璃片上，它们颇受煎熬似的一动不动地待着，几乎支持不下去了。外皮破裂，无特殊的破裂线，是同时在左右前后破裂的；足爪从护腿套中伸出，双钳抛开护手甲，尾巴抽出尾

鞘。浑身的碎皮一起落下，像一堆破衣烂衫。这是一种杂乱无章的斑驳脱落。这之后，小蝎才有了蝎子的正常外貌。此外，它们的行动也开始敏捷灵活了。

「专家解疑」
斑驳：一种颜色中杂有别种颜色，花花搭搭的。
膨胀：①由于温度升高或其他因素，物体的长度增加或体积增大。②泛指某些事物扩大或增大。

虽然仍旧呈苍白色，但它们已蹦跳自如了，他们迫不及待地跑到蝎妈妈跟前跃动、玩耍。最让人惊讶的进步是它们突然间长大了。朗格多克蝎的小蝎子通常身长十九毫米，可它们现在就已有十四毫米长了。黑蝎的小蝎身长从四毫米达到六七毫米。身长增加了半倍，体积增加了将近两倍。

在吃惊于这种突然增长之余，我就在寻思这种突然增长的原因何在，因为小蝎子尚未吃过任何食物，所以体重并未增长，相反会下降，因为扔掉了一层外皮。体积增大，但质量未增。因此，这是一种产生一定程度的膨胀，与热处理的毛坯物体的膨胀相仿。它体内产生了一种变化，把生命分子聚集成空间更大的结构体，所以虽无新的物质加入，体积却增大了。我想，谁如果有极大的耐心并配备有一套合适的器械，就能够深入地观察到这种急速变化的结构，从而获得某些有价值的材料。我才疏学浅，无此能耐，我把这道难题留给他人吧。

「名师点拨」
自然界原本就充满了奥秘，对于小蝎子的突然增长，作者一时无法找到原因，其实也无可厚非，作者“才疏学浅”一说，无疑是自谦的说法。

小蝎弃掉的外皮是一些白色条状物，一些上了光似的碎布片，它们并不是掉落在地，而是紧贴在蝎妈妈的背部，特别是附着在足爪根部附近，缠成一块柔软的毯子，刚弃皮的小蝎子就在上面栖息。坐骑现在已披上马衣，骑手们坐在马上无须害怕身体摇晃。这层破衣烂衫做得结实，鞍辔为骑手们提供了把手足镫，任由它们上上下下，动作敏捷灵活。

当我用毛笔轻轻一拨，小蝎子们便纷纷落马，有趣的是它们又非常迅速地纵身上马，稳坐其上。马衣垂条变成了小蝎子的攀缘绳，杆子则由尾巴替代，随之跃身纵跳，小蝎子就骑上了马。小蝎子之所以能飞速上马，靠的就是奇异的马衣，那简直就是如假包换的攀缘绳。它不会断裂、异常结实，几乎在一周之内随便使用，直到小蝎子可以离开蝎妈妈的保护为止。

小蝎子的体色在此时便突显了出来：金黄的肚腹和尾巴，晶莹剔透的琥珀色钳子。青春即是美丽的象征，全都在青春的照耀下变得光彩夺目。这会儿的小蝎子确实是漂漂亮亮、仪态万千。如果这样儿永不变化，如果那使人毛骨悚然的尾刺毒针不出现，那它们肯定会是人们爱不释手的宠物，罕见、稀奇而又特别招人喜爱。他们心中很快就升起了摆脱母亲监护的强烈欲望。它们激动地爬下母亲的脊背，在周围疯玩乱耍。如果它们跑得太远，蝎妈妈就会呵斥它们，使用双臂耙在沙土上划拉，将它们聚拢起来。

在休息的时候，蝎妈妈和宝宝们的那副姿态好像母鸡带着鸡雏们憩息一样。大部分小蝎子都会待在地上紧贴着蝎妈妈，有几只停留在马衣那舒适的坐垫上。有的小蝎子爬在蝎妈妈尾巴上，爬上螺旋峰的高处，兴趣高涨、居高临下地注意着脚下的小蝎子

「好词好句」
敏捷灵活
晶莹剔透
*如果这样儿永不变化，如果那使人毛骨悚然的尾刺毒针不出现，那它们肯定会是人们爱不释手的宠物，罕见、稀奇而又特别招人喜爱。

「专家解疑」
呵斥：大声斥责。

居高临下：处在高处，俯视下面。形容处于有利的地位或傲视他人。

群。忽然，又有新的杂技演员登场，将它们赶下高峰，取代它们。每个小蝎子都想看看这观景台到底是怎么回事。

大多数家庭成员都会围在蝎妈妈的身边，一个个不断地拱动着，钻到妈妈肚子下面蜷缩着，额头抛在外面，一对小黑眼睛炯炯有神。最爱动弹的小家伙更喜欢妈妈的足爪，那就像是它们的体育器材，它们会在上面做高空杂技训练。静下来的时候，小家伙们就会又往妈妈背脊上爬去，寻好位置，坐下来，再也不动弹，妈妈和孩子们全都不动了。

「名师点拨」作者此处的描写可谓活灵活现，“小蝎子在妈妈的足爪上做高空杂技训练”，一霎间我们仿佛就能想象出画面，由此可见作者写作技巧的高超。

小蝎子成熟和准备离开妈妈监护的这个阶段会持续一个星期，恰好是不进食体积也能扩大两倍的奇特增长期的时间。一窝小蝎子停留在蝎妈妈背上半个来月。母狼蛛背着自己的小宝宝们长达六七个月，而小宝宝们即使不吃不喝，却精神头儿十足，不停地动弹。蝎妈妈的小宝宝们最少在获得新生与灵活的蜕变之后要吃点什么，蝎妈妈会不会邀请它们共进一餐？它会不会给它们留着自己的美食中更软嫩的佳肴？蝎妈妈任何人都不邀请，它没有留下任何东西。

「专家解疑」动弹：（人、动物或能转动的东西）活动。

探头探脑：不断探头看，多形容鬼鬼祟祟地窥探。

我放进一只蚱蜢给蝎妈妈，是我从我认为适合小蝎子们稚嫩的胃的小野味中精挑细选出来的。当母蝎毫不在乎自己的子女，独自怡然自得地享用这只蚱蜢时，一只小蝎子从它的背上爬下来，探头探脑地往下看，想搞明白妈妈在干什么。它使用爪尖碰到妈妈的下颌，忽然间，它慌忙地跑开了，这是聪明之举。正在津津有味地咀嚼的妈妈根本不会留一口给它，或许反倒会一把抓住它，毫不心疼地将它吃掉。

蝎妈妈正在吃蚱蜢脑袋，又有一只小蝎子已经吊在了蚱蜢的尾部。小蝎子正轻咬轻拽蚱蜢，也想吃上一点。最后，它没有如愿以偿，因为这个部位太硬了。

我也看到过这样一些情景：假如蝎妈妈稍加关心，送小宝宝们一点吃的，那样小宝宝们会兴高采烈地尽情享受一番，尤其是给的食物很适合它们那稚小的胃，可是，蝎妈妈却只想着自己享福，别的概不问津。

哎，我那让我度过美妙时光的漂亮小宝宝们呀，你们该怎么办呢？你们想要离家出走，去遥远的地方寻找一些不起眼的小虫子吧？我从你们慌不择路地乱窜中看出来了这一点。你们要离开自己的母亲，而它也不会再认你们了。你们长得已非常健壮，也该各奔东西了。

假如我很清楚你们适合吃什么样的小活食，假如我时间充足，可以帮你们去寻找的话，我会非常开心地继续喂养你们的，但不是将你们继续养在你们出生时的玻璃笼子里的瓦片下，和大人们混在一起。我知道那些老家伙们，它们容不得别人，哪怕是它们的孩子。那些老妖怪会将你们吃了的，我的乖宝宝们。甚至你们的母亲们也不愿意放过你们的。从此你们的母亲们就视你们为陌路人了。第二年，婚俗季节，你们那妒忌成性的母亲们在干完好

「专家解疑」

咀嚼：①用牙齿磨碎食物。②比喻对事物反复体会。

各奔东西：各自走向不同的地方，多指分手或离别。

「名师点拨」

此处作者抒发了自己不舍的感情。作者看着小蝎子从出生到一点点长大，就如同父母看着孩子成长，这种感情是十分深厚的。那么，作者为什么一定要将它们放走呢？

事之后，就会将你们吃掉的。该离开了，乖宝宝们，三十六计走为上策。不然，我让你们住哪里？如何喂养你们？我们最好还是分开吧！尽管我心中免不了有点惆怅。过几日，我将你们送到你们的领地撒放出去，就是那个有很多石头的山坡地。那里有明媚的温暖的阳光，你们在那儿会找到一些伙伴儿的，它们和你们一样刚刚开始成长，但是它们已经在自己的小石块下独立生活了，那些小石块有时仅有指甲盖儿那么大。在那个地方，你们将要学会如何面对大自然的残酷挑战，这类学习比待在我身边更有效果。

「专家解疑」
明媚：①（景物）鲜明可爱。②（眼睛）明亮动人。

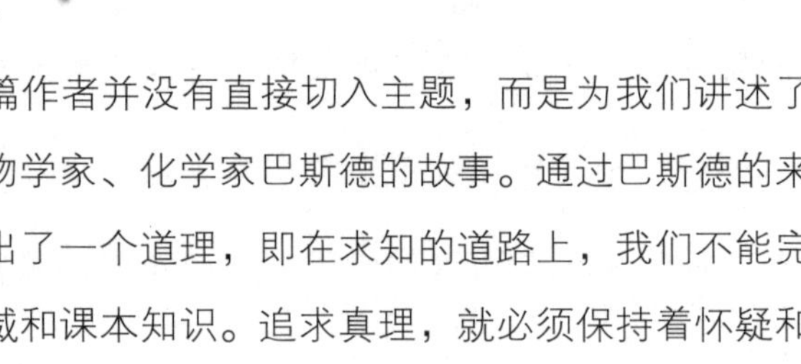

■名家品评

故事开篇作者并没有直接切入主题，而是为我们讲述了法国著名生物学家、化学家巴斯德的故事。通过巴斯德的来访，作者悟出了一个道理，即在求知的道路上，我们不能完全地相信权威和课本知识。追求真理，就必须保持着怀疑和求索的态度，由此才能发现真知。朗格多克蝎的故事就是作者举出的一个实例。同时，通过这篇故事，我们也看到了母爱的伟大力量。

阅读思考

1. 法国著名的生物学家巴斯德因何来访？

2. 作者发现了书本中存在的什么错误？

3. 通过朗格多克蝎的故事，作者有何感悟？

小阔条纹蝶

小阔条纹蝶是相对罕见的一种昆虫，它不仅稀少，而且外形有如棕红色长袍的修士一般，十分可爱有趣。那么，作者是如何获得这难得一见的小阔条纹蝶呢？在小阔条纹蝶身上又藏着怎样的秘密呢？带着这些问题，走进文章看一看吧。

对，我将会得到它，我甚至早已得到它了。一个脸上透着灵气的七岁的男孩，赤着脚，穿着用绳子扎着的破破烂烂的短裤，并且不是每天都洗脸，但他每天都给我家送来萝卜和西红柿。一天清晨，他拎着蔬菜篮子来了，收下我给的蔬菜钱，摊在手心中一枚一枚地数着那几枚他母亲期盼的苏，然后便从口袋里掏出一件东西，这是他昨天沿着一个藩篱捡拾兔草时发现的。

「专家解疑」
灵气：①机灵劲儿；悟性。②神话中的超自然的力量；神奇的能力。

“还有这个，”他将那东西递给我说，“这个您需要吗？”“需要，我当然需要。你设法再给我找一些，你能够找到多少，我便要多少。而且我答应你每个周末带你去玩旋转木马。喏，小朋友，这两个苏也是给你的。将这两个苏同萝卜钱分开放，免得向你妈报账时说不清楚。”

「专家解疑」
蓬头垢面：形容头发很乱，脸上很脏的样子。

我的这位蓬头垢面的小朋友看到这么多钱简直开心坏了，隐约感到自己是发大财了。

他走后，我仔细地打量着那个东西。这东西值得花气力去寻找。那是一个美丽的呈圆盾形的茧，很容易让人联想起蚕房里的蚕茧，它非常坚硬，呈现出浅黄褐色。从书本上的一些简单介绍分析，我几乎可以断定这是一只橡树蛾的茧。要真是这样的话，那么上帝真是厚待我了！我便可以继续我的研究了，兴许还可能让我补足大孔雀蝶让我隐约瞥见的材料。

橡树蛾的确是一种传统的蝶蛾，无论哪一本昆虫学论著都会谈及它在婚恋期间的突出表现。据说曾有一只雌性橡树蛾被困在一个房间里，甚至还刚刚于一只盒子底部孵卵。它远离乡村，被困在喧嚣的城市之中。可是，孵卵的事还是传给了树林里和草坪间的相关者。雄性橡树蛾们仿佛是被一个不可思议的指南针所引导，自遥远的田野间飞来，飞来盒子跟前，聆听，盘旋，再盘旋。

「名师点拨」
“据说”已经表明以下的说法并不是作者研究得来的，那么，对于这种书本知识，一向严谨的作者是怎么做的呢？

这些奇谈怪论是我从书本中看到的，但要是能够亲眼看到，并可对此稍做实验，那当然完全是另一回事了。我花了两个苏买来的那东西里面到底会有什么呢？会不会从中飞出那个著名的橡树蛾呢？

还有另外一个名字：布带小修士。这个新颖别致的名字来自于它的雄性外衣，为一件棕红色的修士长袍，却又并非是棕色粗呢，而是柔软的天鹅绒，前面的翅膀上是一条横着泛白的、长有仿佛眼珠似的小白点。

这里所提到的布带小修士，便是小阔条纹蝶，它并非那种我们心血来潮，随便带上一个网子就能捉到的平淡无奇的蝴蝶。在我们村子附近，特别是在我住了二十来年的荒石园中我从不曾见过它。的确，我并非狩猎迷，对标本上的死昆虫并不怎么感兴趣，我想要的是活物，想要能表现其天赋才能的活物。但是，我虽没有收集者的那种热情，但我对于田野里生机盎然的一切都异常关注。一只身材和服饰如此与众不同的蝴蝶倘若被我遇上，我肯定不会放过它的。

我许诺带他去骑旋转木马的那个小家伙也并没能再捉到第二只。

三年间，我不断地拜托朋友和邻居帮我寻找，尤其寻求了那些年轻人的帮助，他们算得上是荆棘丛林中手眼明快的捕猎者。我自己也在枯叶堆中翻来找去，观察一堆堆的石块，寻求一个个的树洞。结果仍然一无所获，稀罕的蝶茧始终无法找到，这足以证明在我住处周围小阔条纹蝶十分罕见。到时候我们才会看到这一点是多么重要。

我猜测的完全没错，我那只唯一的茧正是那类享有盛誉的蝴蝶。八月二十日，一只肥嘟嘟的雌蝶从茧中出来，其肚子大大的，衣着与雄蝶相同，只是其长袍是更加淡雅的米黄色。我将它放在我工作室中间的一张大桌子上，找来金属钟形网罩将它罩住。大

「专家解疑」

心血来潮：形容突然产生某种念头。

盎然：形容气氛、趣味等洋溢的样子。

「好词好句」

手眼明快

盛誉

*三年间，我不断地拜托朋友和邻居帮我寻找，尤其寻求了那些年轻人的帮助，他们算得上是荆棘丛林中手眼明快的捕猎者。

*八月二十日，一只肥嘟嘟的雌蝶从茧中出来，其肚子大大的，衣着与雄蝶相同，只是其长袍是更加淡雅的米黄色。

桌子上堆满了书籍、短颈大口瓶、陶罐、盒子、试管及其他一些器械。相信大家对这个环境很熟悉，是的，它便是我为大孔雀蝶准备的那个住所。有两扇窗户面向花园，阳光直射进屋里。一扇窗户是关着的，另一扇则整天敞开着。小阔条纹蝶就待在这两扇窗户中间那四五米间隔之处的半明半暗之中。

「名师点拨」这个由作者搭建的简易居所，其实本是为研究大孔雀蝶而准备的，现在小阔条纹蝶舒适地居住在里面，这也从侧面反映出二者的生活环境是相似的。

第二天也过去了，没有什么值得一提的事情发生。小阔条纹蝶用前爪抓住金属网纱，吊挂在朝阳的那一边，像死了似的一动不动，连翅膀和触角都没有颤动一下，跟大孔雀蝶的情况一样。

雌小阔条纹蝶发育成熟了，细皮嫩肉在变结实。它运用一种我们科学上毫无意念的方法在制作一种无法抗御的诱饵，把一些拜访者从四面八方招引过来。它那胖乎乎的身体里出现了什么状况呢？里面发生了怎样的变化把周围闹得天翻地覆呢？如果我们能了解它那炼丹术的秘诀，那我们将会增加很多的知识。

「专家解疑」四面八方：泛指周围各地或各个方面。

天翻地覆：①形容变化极大。②形容闹得很凶。

第三天，新娘子已经准备就绪。这里像过节似的热闹起来了。我当时正在花园里，因为事情拖得太久，对成功已经感到绝望，突然，下午三点钟光景，天气炎热，阳光灿烂，我隐约看见一群蝴蝶在开着的那扇窗框间飞来飞去的。

它们是一些来向美人儿大献殷勤的有情郎。有一些从房间里飞出去，另一些则飞进去，还有一些落在墙上休息，好像因长途跋涉而疲惫不堪了。我隐约看见一些雄蝶从远处飞来，飞进高墙，飞过高高的柏树冠来到雌蝶身旁。

「名师点拨」此处作者运用拟人的修辞手法，将飞来的这群蝴蝶拟作“有情郎”，既形象又生动。

它们从四面八方飞来，但数量越来越少。我未能看到婚庆开始时的盛况，现在客人们差不多都已到齐了。我们上楼去看看吧。这一次是在大白天，任何细节都没漏掉。

在我的工作室里，一大片的雄性小阔条纹蝶在翻飞，转来绕去，我目测了一下，大概有六十多只。在围着钟形罩绕了几圈之后，有一些便向敞开的窗户飞去，但随即又飞了回来，继续围着钟形罩转悠起来。最猴急的则停在钟形罩上，用爪子相互抓挠，推搡，竞相取代别人抢占最佳位置。钟形罩里面的女俘大肚子垂着贴在网纱上，不动声色地等待着，在这群纷乱的雄蝶面前，没有一丝激动的表情。

雄性小阔条纹蝶无论是来的还是去的，无论是坚守的还是乱飞的，在三个多小时的过程中，一直在疯狂地舞动着。但是现在已经日落西山，雄蝶们的激情也随着气温的降低而降低了。有许多飞走了，没再飞回来。另外一些占好位置以待明日再战，它们紧贴在那扇关着的窗户的窗棂上，如同雄性大孔雀蝶一样。今天的节庆活动就此终结。明天还将继续，因为受网纱阻隔，活动尚未有任何结果。

然而令我大为沮丧的是活动并未再继续，这都是我的错。晚上，有人给我送来一只个头儿特别小的螳螂，我非常喜欢。因为总是想着下午的种种情况，我便匆忙地把它这个食肉昆虫放进了那只雌性小阔条纹蝶的钟形罩里。我压根儿就没想到这两种昆虫

「专家解疑」

目测：不用仪器仅用肉眼测量。

推搡（sǎng）：推来推去。

「好词好句」

舞动

激情

*钟形罩里面的女俘大肚子垂着贴在网纱上，不动声色地等待着，在这群纷乱的雄蝶面前，没有一丝激动的表情。

*另外一些占好位置以待明日再战，它们紧贴在那扇关着的窗户的窗棂上，如同雄性大孔雀蝶一样。

同居一室会产生怎样的恶果。那只螳螂看上去没有什么威力，而那只雌性小阔条纹蝶却是那么胖嘟嘟的！所以我没起一点疑心。

唉！我对带铁钳的食肉昆虫的凶残性认识太差！第二天，我惊骇地发现那只小螳螂正在啃咬那只胖蝴蝶。后者的脑袋和前胸已经被它吃掉了。可怕的昆虫！你让我度过了多么惨痛的时刻啊！再见了，我整夜冥思苦想的研究工作。三年中，我因无研究对象而无法继续我的研究。但愿这倒霉事别让我们忘掉刚了解到的那一点点情况。仅一次聚会，就将近有六十只雄性小阔条纹蝶飞来。如果我们考虑到这种蝴蝶的稀少，如果我们记起我和我的助手们那整整数年连续无果的研究，那这个数目对我们来说简直是天方夜谭了。找不到的那种蝴蝶在一只雌蝶的引诱下，一下子来了这么多。

「名师点拨」这一段叙述，抒发了作者深深的忧伤和愤懑之情，对蝴蝶惨遭杀害的愤怒，对研究工作无法进行的惋惜，都令作者一时无法释怀。

它们是从何处飞来的呢？毫无疑问，是从遥远的四面八方而来。*很久以来我一直在我的住处附近寻来找去，我把一丛丛的荆棘，一堆堆的石块都翻了个遍，所以我可以肯定我们周围没有橡树蛾。为了在我的工作室里聚集一大群这种蝶蛾，我曾到处寻找，寻遍了郊外各地，也不知找了多少地方。*

「智慧引路」科研工作是十分艰辛的，但是作者从未想过放弃。同学们，我们在生活中，面对困难与挑战时，也要有这种坚持不懈的精神，切不可半途而废。

三年过去了，我梦寐以求的运气终于给我送来两只小阔条纹蝶茧。八月中旬前后，这两只茧相隔几天为我孵出一只雌蝶来，这使我得以丰富并重复我的实验。我很快便又重新进行大孔雀蝶已经给了我非常肯定答复的种种实验。白昼的朝圣者也很灵巧，并不比夜间朝圣者差。它挫败了我所有的计谋。它准确地飞向被金

「专家解疑」挫败：①挫折与失败。②使受挫失败；击败。

属网罩罩着的那个女俘，无论网罩放在什么地方。它能够在壁橱暗处发现女俘，它能够在一只盒子的最里面找到女俘，只要这只盒子不要盖得太严。如果盒子关得严实紧密，它便因得不到信息而不会前来。在此之前，它一再重复的是大孔雀蝶的英勇行为，别无其他。

「专家解疑」
壁橱：墙体上留出空间而成的橱。也叫壁柜。
英勇：勇敢出众。
蒙骗：欺骗。

一只盖得严严实实、空气无法流通的盒子，雄性小阔条纹蝶是完全无法知晓女俘的情况。即使把这盒子放在窗户上的十分显眼的地方，也没有一只雄性飞来。因此，这又立即使我想起了无论是金属的、木质的、硬纸板的还是玻璃质的隔墙，都无法传导散发体的气味。

我就此对夜巡的大孔雀蝶做了实验，它没被樟脑味蒙骗。在我看来，樟脑的气味足以盖住那些人所无法嗅出的细微气味。我用小阔条纹蝶重新进行了这种实验，这一回我把我所存有的汽油和有气味物通通都给用上了，一打的碟子放好了，一部分放在囚禁女俘的金属钟形网罩里，另一部分放在网罩四周，围成一圈。有几只装着樟脑，有几只装着宽叶薰衣草的香精，有几只装着汽油，还有几只装着臭鸡蛋味的碱硫化物。不能再多放什么了，否则女俘会被窒息身亡的。早晨我便把这些小碟子摆放停当，以便聚会开始时屋子里弥漫起种种气味。

「名师点拨」
虽然作者大费苦心地聚集了多种气味，试图想要迷惑小阔条纹蝶，但是，一切都徒劳无功，雄性小阔条纹蝶很快就找到了“被囚禁的女俘”，那么，实验失败的作者会就这样放弃这项研究吗?

下午，变成了配药室的工作室里，充斥着一股浓烈的薰衣草香气以及碱硫化物恶臭的混合气味。而且别忘了我还在这间屋里大量地熏烟，煤气厂、烟馆、香料厂、炼油厂、臭气熏天的化工厂全都集中在这间屋子里了，这样能否使小阔条纹蝶迷失方向呢？根本就没有。三点钟光景，雄性小阔条纹蝶像通常一样纷纷飞来。它们都往钟形罩那儿飞，其实我事先已经用一块厚布把罩蒙上了，以便增大难度。它们一飞进屋内，便被一种混杂着各种气味的浓烈氛围包围住了，但它们仍旧是朝着女俘的囚室飞去，想从厚布的褶皱下面钻进去与女俘相会。我的计谋未能奏效。这次实验完全失败了，重复了大孔雀蝶实验的结果。这次失败之后，我理所当然地要放弃是有气味的散发物在指引小阔条纹蝶参加婚庆的观点。我之所以没有放弃，应该归功于一次偶然的观察。意外和偶然有时会给我们带来不同程度的惊喜，把我们引向此前一直在毫无结果地寻觅真理的道路。

「专家解疑」

混杂：混合掺杂。

奏效：发生预期的效果，见效。

思索：思考探求。

「好词好句」

寻觅

有所作为

*我之所以没有放弃，应该归功于一次偶然的观察。意外和偶然有时会给我们带来不同程度的惊喜，把我们引向此前一直在毫无结果地寻觅真理的道路。

*雄蝶飞进屋里一定会看得见女俘的，因为后者就在它们的必经之路上。

一天下午，我想弄清楚蝴蝶一旦飞进屋里，视觉会不会在寻找目标物中有所作为，便把那只雌性小阔条纹蝶放在一只钟形玻璃罩中，还给它弄点带枯叶的橡树小枝让它停靠。玻璃罩就放在桌子中间，冲着敞开的那扇窗户。雄蝶飞进屋里一定会看得见女俘的，因为后者就在它们的必经之路上。雌蝶在其上待了一夜和一个早上的那个金属纱网钟形罩下放了一层沙土的陶罐，我觉得很碍事，未经任何思索就把它放在离窗户有十来步远的屋子另一头的地板上，而那个角落只能透进半明半暗的光线。

接下来发生的事让我的思绪乱作一团。飞进来的到访者中没有一位在玻璃罩那儿停下来，而玻璃罩就在明亮的阳光下面，女俘显眼地居于其中。它们竟都未朝雌蝶看一眼，也未探询一下。它们全都飞向我放着陶罐钟形罩的那个黑暗角落的房间的另一头。它们落在金属纱网罩圆顶上，久久地在探寻，扑扇着翅膀，还稍稍在相互争斗。整个下午，直到日影西斜，它们都围着空空的圆顶飞舞，以为雌蝶就身陷其中。最后，它们飞走了，但没有全飞走。有几个执着者像是被施了定身法似的死死地定在那儿。

这真是个耐人寻味的结果：我的这些蝴蝶飞到那人去楼空之地，长留不去，尽管眼见罩中无人，仍死不甘心。从雌蝶所在的那只玻璃钟形罩旁飞过时，来来去去的这群雄蝶中不可能一个也没看出有雌蝶的，但它们就是没有在此哪怕稍事停留。*它们被一个诱饵给弄得神魂颠倒，竟置真实物于不顾了。*

它们是被什么所蒙蔽了呢？第一天整个夜晚和第二天的整个上午，雌蝶都是待在金属纱网钟形罩里的，它忽而吊在纱网上，忽而在陶罐的沙土层上歇息。它碰过的东西，特别是它那大肚子蹭过的东西，长时间接触之后，浸透了一些散发物的气味。那就是它的诱饵，就是它的激越情欲的药物，那就是引得雄蝶神魂颠倒、纷至沓来的尤物。沙土层把这尤物保存一段时间，并向四周扩散出去。因此，是嗅觉在引导雄蝶们，在远处向它们发出信息。它们被嗅觉所控制，不去考虑视觉所提供的信息，所以途经美人儿正被关押的玻璃囚室时，一飞而过，直奔神奇气味在散发的纱网、沙土层，直奔女魔法师除了气味以外什么也没留下的那座空

「专家解疑」
扑扇：扑棱。
耐人寻味：意味深长、值得仔细琢磨。
激越：（声音、情绪等）强烈、高亢。

「智慧引路」
生活中，存在着一些欺骗，但是无论诱饵多么吸引人，我们都要保持理智，看清事情真相，不要被蒙骗。小朋友们更是要加强戒备，不要轻易被诱惑，和陌生人走。

房，那无法抗拒的尤物需要一定的时间才能配制好。我想它像一种挥发性气体，一点点地散发出去，让一动不动的大肚雌蝶沾过的东西便浸满了这种气体。即使玻璃钟形罩放在桌子正中间，或者更好一些，放在一块玻璃上，内外都无法很好地沟通，而且，雄蝶因为凭嗅觉什么也感觉不到，它们就不会前来，无论你试验多久都无济于事。可我眼下不能以这种内外无法沟通作为理由，因为即使我搞出一个好的沟通环境，用三个小垫子把钟形罩抬离支座，雄蝶们也不会一下子飞来，尽管屋子里蝴蝶为数不少。但是，等了半个小时左右，盛有雌蝶尤物的蒸馏器就开始启动了，求欢者们立即会像往常那样纷至沓来。

「专家解疑」
配制：①把两种以上的原料按一定的比例和方法混在一起制作。②为配合主体而制作（陪衬事物）。
无济于事：对于事情没有什么帮助；对于解决问题没有什么作用。

我可以按照掌握的这些出乎意料的驱云拨雾的材料，进行不同的实验，而这些实验都是具有结论性的在同一层面上的。早晨，我把雌蝶放在一个钟形金属网罩里。它的栖息处是同先前一样的一根橡树细枝。雌蝶在里面一动不动，像死了似的。它在细枝上待了许久，藏在大概浸润着其散发物的叶丛中。当探视时间临近时，我把浸足了散发物的细枝抽出来，放在离敞开的那扇窗户不远处。另外，我让钟形罩中的雌蝶待在房间中央的桌子上显眼的地方。蝴蝶纷纷来到，先是一只，然后是两只、三只，很快就是五只、六只。它们出去进来，就这样不断往返。始终是在那扇窗户附近，那枝细橡树枝放在椅子上，离窗户不远。谁也没往那张大桌子飞，而雌蝶就在那儿的金属网罩中等候它们，离它们并没

「好词好句」
出乎意料
驱云拨雾
＊当探视时间临近时，我把浸足了散发物的细枝抽出来，放在离敞开的那扇窗户不远处。
＊蝴蝶纷纷来到，先是一只，然后是两只、三只，很快就是五只、六只。

有多远。它们在迟疑，这可以清楚地看出来：它们在寻找。最后，它们终于找到了。那它们找到什么了？找到的正是那根细枝，那根早晨曾是胖雌蝶的粉床的细枝。它们急速扑扇着翅膀；它们飞落在叶丛上；它们忽上忽下地搜寻、抬起、移动树叶，以致最后那束很轻的细枝被弄掉到地上去了。它们仍在落在地上的细枝叶丛中搜索。细枝在翅膀和细爪的扑打抓挠下，不停地在地上移动着，仿佛被一只小猫用爪子抓扑的破纸团。

「专家解疑」
迟疑：拿不定主意；犹豫。
搜寻：到处寻找。
法兰绒：正反两面都有绒毛的毛织品、质地柔软、适宜于做春秋两季的服装。

两只小阔条纹蝶在细枝连同那群搜索者移动到远处时突然飞了过来。那把刚才放有细枝叶的椅子就在它俩飞经的途中。它俩在椅子上落下，急切地在刚才放过细枝的地方嗅闻个没完。然而，对于先来者和新到者来说，它们热盼的那个真实目标就在那儿，很近，被一只我忘了遮盖起来的金属网罩罩着。它们谁也没有注意到它。它们在地上继续推挤雌蝶早上睡过的那个小床，它们在椅子上继续嗅着那张粉床曾经放过的地方。日影西斜，撤退的时间到了。再说，撩拨的味道也渐渐淡去，甚至消失了。拜访者们没事可做只好打道回府，明天再战。

「名师点拨」
此处作者采用了拟人的修辞手法，“拜访者”是指雄性小阔条纹蝶，它们因寻觅无果，所以最终只能“打道回府”。

接下来的实验告诉我：不论哪一种材料都不能代替我那偶然的启示者——带叶的细枝。我稍微提前一点把雌蝶放在一张小床上，上面时而铺着呢绒或法兰绒，时而放些棉絮或纸张。我甚至有时还强迫雌蝶睡木质的、玻璃的、大理石的、金属的很硬的行军床。所有这些东西在被雌蝶接触了一段时间之后，都像雌蝶本

「专家解疑」
总而言之：总括起来说；总之。
新奇：新鲜而特别。
扑腾（teng）：①游泳时用脚打水。也说打扑腾。②跳动。③活动。④挥霍；浪费。

身似的对雄蝶们有着相同的吸引力。它们全部具有这种吸引雄蝶的特性，只是有的强些有的弱些。最好的是棉絮、法兰绒、尘土、沙子，总而言之是那些多孔隙的东西。而金属、大理石、玻璃反而易于失去它们的功效。

总之，只要是雌蝶接触过的东西，都能散发出它的特性吸引力来。所以，橡树细枝掉到地上后，雄蝶们依旧纷纷飞到那把椅子的坐垫上。我们来选择一张最好的床，如法兰绒床，我们将能看到新奇的事。我在一根长试管或小阔条纹蝶恰好可以飞进去的一只短颈大口瓶里放一块法兰绒，让雌蝶整个上午都停留在上面。来访者们钻进器皿中，在里面使劲扑腾，但却怎么也不能飞出来了。我给它们设置了个陷阱，可以使它们有多少死多少。我们把那些落难者释放走吧，把藏于盖得严实的盒子的最秘密处的那块床垫抽出来。晕头转向的雄蝶们又飞回到那支长试管里，再次落进陷阱中。它们是被浸透尤物的法兰绒传给玻璃的那种气味所诱导的。

「好词好句」
灵敏
*晕头转向的雄蝶们又飞回到那支长试管里，再次落进陷阱中。

我因此更坚定了自己的想法。为了邀请附近的众蝶飞赴婚宴，为了老远地告知它们并引导它们，婚嫁娘散发出一种我们人的嗅觉感觉不出来的十分细微的香味。我的家人们，包括孩子们那非常灵敏的鼻子，凑近那只雌性小阔条纹蝶也没有闻出丝毫的气味来。雌性小阔条纹蝶停留过一段时间的任何东西都极其容易地浸润了这种尤物，因而这些东西自此也就如雌性小阔条纹蝶一样成为具有相同功效的吸引力的中心，只要它的散发物没有消失掉。没有任何可以用眼看出来的诱饵。在求欢者们心急如焚地围在刚

「哲理名言」
没有任何可以用眼看出来的诱饵。

刚弄好的纸床上纷飞时，纸床上没有任何看得出来的痕迹，也没有一点浸润的模样，其表面在浸润尤物前后同样干净整洁。

这种尤物的配置需要一点一点地积聚，然后才能充分地散发出去。雌蝶被从其粉床弄走后，移到他处，暂时失去了诱惑力，开始变得冷漠，雄蝶们飞往的是因长久浸润之后的雌蝶栖息地。但是，御座重新放置好，被抛弃的女皇又开始重新掌权了。

昆虫的品种不一样，信息流通出现的时间也有早有晚。刚孵出的那只雌性小阔条纹蝶需要一段时间才可以发育成熟，才能控制自己的蒸馏器似的器官。雌性大孔雀蝶早上孵出，有时候当晚就有探访者飞来，但经常是第二天，经过四十来个小时的准备后才有求欢者。雌性小阔条纹蝶则把自己召唤异性的活动推得更晚，它的征婚广告要等到两三天之后才发布。让我们回头探寻一下它触角的神奇功能，雄性小阔条纹蝶长着与其情敌一样漂亮的触角；把其层叠状的触角看作导向罗盘是否合适？我并没有太大把握地对它们进行了我以前做过的那种截肢手术。被动过手术的雄性小阔条纹蝶都没有再飞回来过。但也别急于下结论，我们从大孔雀蝶那儿已经得知，它们的一去不返有着比截肢的结果更加重要的缘故。此外，第二种小阔条纹蝶——苜蓿蛾蝶这种与第一种小阔条纹蝶很相似的蝴蝶，也拥有着华美的翅膀，它也给我们提出了一道难题。在我家附近经常见到它们，就在我的那座荒石园里我都看到过它的茧，十分容易与橡树蛾的茧搞混。我刚开始就曾把它们搞混过。我原希望从六只茧中得到小阔条纹蝶，但接近

「好词好句」
干净整洁
流通
*雌蝶被从其粉床弄走后，移到他处，暂时失去了诱惑力，开始变得冷漠，雄蝶们飞往的是因长久浸润之后的雌蝶栖息地。
*此外，第二种小阔条纹蝶——苜蓿蛾蝶这种与第一种小阔条纹蝶很相似的蝴蝶，也拥有着华美的翅膀，它也给我们提出了一道难题。

「名师点拨」
此处同样运用了拟人的修辞手法。雌性小阔条纹蝶发布“征婚广告”，这种拟人的写法增加了文章的趣味性和生动性。

八月末时，我获得的却是六只另一品种的雌蝶。这下可好，在这六只我家孵出的雌蝶附近，尽管周围肯定有雄性小阔条纹蝶出没，但我却从没有见过。

如果宽大而多羽的触角真是远距离信息传输工具的话，那为什么我的那些有着华美触角的邻居却没有获知在我工作室中发生的情况呢？为什么它们的美丽羽毛并未让它们对一些事情产生兴趣呢？而所发生的这些事情本会使另一种小阔条纹蝶纷纷飞来的呀？这又一次说明器官并不决定才能，具有相同器官的生物不一定具有相同的才能。

「专家解疑」
华美：华丽。
获知：获悉。

■名家品评

本篇文章为我们介绍了小阔条纹蝶以及雌蝶吸引雄蝶的方式，即主要用气味吸引雄蝶。为了证实这一观点，作者进行了多次实验，其中也经历了失败和挫折，但作者始终没有放弃。从中我们可以看出，作者的研究态度是严谨的，作者的决心是坚毅的，这种锲而不舍的精神是值得我们学习的。

阅读思考

1. 小阔条纹蝶为什么被称作布带小修士？
2. 本篇文章作者抒发了怎样的感情？
3. 对雄蝶被诱饵迷惑，你如何看待？

重点测试

一、填空题

1. 通过《老象虫》，能够知道粗短的，长着坚硬的凸状鞘翅的虫子是象虫，它们又被称为是 ________。

2. 在《金步甲的婚俗》，提到金步甲的食物主要有蜗牛、________、________、________、________。

3. 食粪虫身子胖嘟嘟的，呈短壮体态，额头以及胸廓上佩戴着________。

4. 在《南美潘帕斯草原的食粪虫》中，葫芦颈部的小圆屋是________。

5. 辨认隧蜂的最明显标记是________。

二、选择题

1. 对《田野地头的蟋蟀》内容理解不正确的一项是（　　）。

A. 母蟋蟀在六月产卵

B. 母蟋蟀一次产卵四百多只

C. 卵壳就像一个不透明的白色筒子

D. 灰壁虎以蟋蟀为食

2. 梨形粪球是怎样制成的？（　　）

A. 是圣甲虫滚动制成的

B. 是两个圣甲虫相互合作制成的

C. 是通过按压制成的

D. 是拍打制成的

3. 以下叙述不正确的是（　　）。

A. 朗格多克蝎，在婚礼结束后，雌蝎会吞食掉雄蝎

B. 雌性螽斯只对生病的雄性螽斯下手

C. 朗格多克蝎不是在九月产卵

D. 普通黑蝎子比朗格多克蝎小巧

三、判断题

1. 通过《老象虫》的叙述，可以知道蚊虫是从花瓣上掉下去淹死的。（　　）

2. 意大利蟋蟀的歌声微微发颤，美妙动听。（　　）

3. 圣甲虫对食物很挑剔，每次都要精挑细选。（　　）

4. 象虫在石灰质岩片上的肢体是残缺不全的。（　　）

四、简答题

1. 在《意大利蟋蟀》一篇中，作者运用了哪些修辞手法？

2. 圣甲虫避免食物干燥的方法有哪两种？

答案

一、填空题

1. 长鼻鞘翅目昆虫

2. 鳃角金龟　螳螂　蚯蚓　毛虫

3. 装饰品

4. 孵化室

5. 滑动槽沟

二、选择题

1. B　2. C　3. B

三、判断题

1. ×，蚊虫是从灯芯草顶端掉下去的。

2. √。

3. ×，圣甲虫对食物并不挑剔。

4. √。

四、简答题

1. 第一，拟人手法，如将蟋蟀说成是“面包铺和乡间灶屋间的常客”；第二，夸张，作者着重描写了意大利蟋蟀的歌声，并将它赞誉为“歌唱家”。

2. 圣甲虫避免食物干燥的方法有两种。首先，它用它那宽臂的铠甲使劲地压紧压实梨形粪球的外层，弄成一层比中心更均匀更密实的保护性外皮。圣甲虫妈妈在按压时只涉及几毫米的表层，所以便出现了一个外壳。它并没往深处按压，这样中间的那个大内核也就分出来了；其次，圣甲虫把幼虫的食粮加工成为球形，以减少水分的丧失。